建筑设计初步

（建筑设计专业适用）

住房城乡建设部
十三五

住房城乡建设部土建类学科专业『十三五』规划教材

U0295046

本教材编审委员会组织编写

高露　罗雪　彭维燕　主编

寇佳　高玉环　温江　吕依然　副主编

朱向军　主审

中国建筑工业出版社

图书在版编目（CIP）数据

建筑设计初步：建筑设计专业适用／罗雪，彭维燕主编．—北京：中国建筑工业出版社，2019.4（2022.7重印）

住房城乡建设部土建类学科专业"十三五"规划教材

ISBN 978-7-112-23641-1

Ⅰ．①建… Ⅱ．①罗…②彭… Ⅲ．①建筑设计－教材 Ⅳ．① TU2

中国版本图书馆CIP数据核字（2019）第075355号

本教材为住房城乡建设部土建类学科专业"十三五"规划教材，内容共分四部分：建筑概论、建筑识图与表现、构成设计入门、建筑方案设计入门。对传统课程内容进行了优化和提炼，并补充了关于建筑测绘、建筑分析、施工图识图等方面的内容，密切了教材同工程实践和教学实际的联系。适用于建筑设计、城乡规划、建筑室内设计、园林工程技术、风景园林设计、环境艺术设计等专业。

为更好地支持本课程的教学，我们向使用本书的教师免费提供教学课件，有需要者请与出版社联系，邮箱：jckj@cabp.com.cn，电话：01058337285，建工书院：http://edu.cabplink.com。

责任编辑：杨 虹 尤凯曦

责任校对：李欣慰

住房城乡建设部土建类学科专业"十三五"规划教材

建筑设计初步

（建筑设计专业适用）

本教材编审委员会组织编写

罗 雪 彭维燕 主 编

高 露 高玉环 温 江 寇 佳 吕依然 副主编

朱向军 主 审

*

中国建筑工业出版社出版、发行（北京海淀三里河路9号）

各地新华书店、建筑书店经销

北京雅盈中佳图文设计公司制版

北京建筑工业印刷厂印刷

*

开本：787毫米×1092毫米 1/16 印张：11 字数：238千字

2019 年 7 月第一版 2022 年 7 月第三次印刷

定价：46.00元（赠教师课件）

ISBN 978-7-112-23641-1

（33933）

编审委员会名单

主　任：季　翔

副主任：朱向军　周兴元

委　员（按姓氏笔画为序）：

王　伟　甘翔云　冯美宁　吕文明　朱迎迎

任雁飞　刘艳芳　刘超英　李　进　李　宏

李君宏　李晓琳　杨青山　吴国雄　陈卫华

周培元　赵建民　钟　建　徐哲民　高　卿

黄立营　黄春波　鲁　毅　解万玉

前　言

　　"建筑设计初步"课程作为了解建筑的开端，涉及建筑创作观念、方法的启蒙教育，意义深远。传统的教学内容主要为两个层面：理论层面介绍建筑的历史沿革、功能类型、空间形态和结构体系；实践层面讲述建筑的设计方法、表现技法等。伴随时代的发展，建筑的内涵和外延都有新的拓展，因此本书对传统课程内容进行了优化和提炼，并补充了关于建筑测绘、建筑分析、施工图识图等方面的内容，密切了教材同工程实践和教学实际的联系。

　　"建筑设计初步"课程是建筑设计、城乡规划、建筑室内设计以及风景园林景观类专业学生的专业基础课。本书在编写过程中以理论联系实际和精练、实用为原则，注重基础性、广泛性和前瞻性；依据职业岗位对建筑设计人才培养的要求，理论阐述深入浅出，通俗易懂，文字简练，实用性强，可读性好，符合高职院校课堂教学和实践技能训练的要求。

　　新的"建筑设计初步"课程教学体系的建立，是对本课程的过去、现在和未来进行全方位研究的过程，是把建筑设计理念和应用通过课堂教学方式进行传播的最佳手段，系统、全面地认知理解并掌握建筑设计的基本理论和设计方法，可为专业后续课程的开展奠定良好的基础。

　　本书在编写过程中参阅了大量的专业文献和设计图例，在此向有关作者一并表示真诚的谢意。

　　本书由重庆建筑工程职业学院罗雪、彭维燕担任主编，重庆建筑工程职业学院高露、高玉环、吕依然，陆军勤务学院寇佳和中国建筑西南设计研究院有限公司设计十院温江担任副主编，湖南城建职业技术学院朱向军教授主审。编写成员具体分工如下：

　　第1章　高玉环、寇佳

　　第2章　罗雪、吕依然

　　第3章　彭维燕

　　第4章　高露、温江

　　由于"建筑设计初步"是一门涵盖多专业领域的课程，加之编者水平有限，书中难免有错误和欠妥之处，敬请广大读者和相关专业人士批评指正。

编　者

目　　录

1

建筑概论

知识提要：本章主要介绍建筑的范围、属性及主要构成要素；说明建筑与环境的关系、各类环境的特点；简述中国古典建筑与西方建筑的发展历程及主要特征。

学习目标：建筑概论的知识内容是学习建筑相关专业人员需要积累的基本人文知识。通过本章学习，帮助初学者初步了解建筑的定义、范围及基本属性，理解在建筑里面需予以重视的各个构成要素，建立建筑与环境之间的和谐相融的环境观，并通过了解中西方建筑发展历程、对比中西方建筑异同，明白中国建筑在世界建筑之林的定位及独有特色。

1.1 建筑是什么

1.1.1 建筑及其范围

谈到建筑，世界上的每个人都有自己的体验和认知，建筑是我们生活中不可或缺的一部分，每一个人一生中都会接触各种各样的建筑，那到底什么是建筑呢？

"上古穴居而野处"，早在原始社会，人们就用树枝、石块构筑巢穴，用来躲避风雨和野兽的侵袭，开始了最原始的建筑活动，如图 1—1、图 1—2 所示；部落和阶级萌生后，出现了宅院、庄园、府邸和宫殿；各类信仰出现后，出现了供生者亡后"住"的陵墓以及神"住"的庙堂；随着生产的进一步发展，出现了作坊以及现代化的大工厂；伴随着商品交换的产生，出现了店铺、钱庄乃至现代化的商场、交易所、银行、贸易中心；交通发展了，出现了从驿站、码头到现代化的车站、港口、机场；科学文化发展了，又出现了私塾、书院以及现代化的学校、科学研究中心。

所以，总的来说，从古至今建筑的目的总不外乎取得一种供人们从事各类活动的环境。随着活动内容的改变，人们构筑不同的建筑内部空间来满足自身的需求，不同的建筑内部空间又被包含于周围的建筑外部空间中。建筑正是以它所形成的各种内部的、外部的空间，为人们的生活创造了工作、学习、休息等多种多样的环境。

在建筑的建造过程中，离不开建筑材料和建造技术。远古时期，人们采用自然界最易取得，或在当时加工最方便的材料来建造房屋，如泥土、木、石等，出现了石屋、木骨泥墙等简单的房屋。随着生产力的发展，人们逐渐学会了制造砖瓦，利用火山灰制作天然水泥，提高了对木材和石材的加工技术，并掌握了构架、拱券、穹顶等施工方法，使建筑变得越来越复杂和精美。特别是进入工业时代以后，生产力迅速提高，钢筋混凝土、金属、玻璃等逐渐代替砖、瓦、木、石，成为最主要的建筑材料。科学的发展已使建造超高层建筑和大跨度建筑成

袋穴　　半地穴　　墈垣　　版筑　　土坯　　　　　　　　　图1—1　穴居的演变过程

巢居的原始形态　　　　干阑式建筑　　　　　　　　　　图1—2　巢居的演变过程

"埏埴以为器，当其无，有器之用。凿户牖以为室，当其无，有室之用。故，有之以为利，无之以为用。"

图 1-3 《道德经》的
空间理论

为可能，各种建筑设备的采用极大地改善了建筑的环境条件。建筑正以前所未有的速度改变着自身面貌。所以，生产力的发展是建筑发展最重要的物质基础。

所以，我们也可以说，建筑是人们用土、石、木等一切可以利用的材料，建造的供人们生产生活的场所。

近现代建筑理论认为，建筑的本质就是空间，正是由于建筑通过各种方式围合出可供人们使用的空间，建筑才有了重要的意义，这一点我国古代的思想家老子在他的著作《道德经》里也有提及，如图 1-3 所示。

意思是说，揉和陶土做成器皿，有了器具中空的地方，才有器皿的作用；开凿门窗造房屋，有了门窗和四壁中空的空间，才起到房屋的作用。所以，"有"（门窗、墙、屋顶等实体）对人们的"利"（有用之处），是通过"无"（即中空的空间）来实现的。

同时，在我们的生活里也有一些特殊的建筑，比如纪念碑、凯旋门、桥梁、水坝、城市标志物等，对于城市环境也有着重要的价值。这些没有内部空间的建筑称为构筑物，建筑是所有建筑物和构筑物的总称。

建筑的集中形成了街道、村镇和城市。城市的建设和个体建筑物的设计在许多方面道理是相通的，它实际上是在更广大的范围内为人们创造各种必需的环境，这种工程叫做城市设计。在城市设计之前，需要对城市的选址、人口控制、资源利用、功能分区、道路交通、绿化景观以及城市经济、城市生态环境等一系列影响人居的问题进行良好的规划，这个工作叫作城市规划。

人们几千年的建筑实践已证明，任何建筑都会诚实地反映其所处的时代。建筑和社会的生产方式、生活方式有着密切的联系，它像一面镜子，反映出人类社会生活的物质水平和精神面貌，反映出它所存在的那个时代。

1.1.2　建筑的属性

请认真观察图 1-4 所示四幅住宅建筑的图片，它们在材料选择、建造手法、建筑造型、环境等方面有哪些不同呢？为什么同样是供人居住的建筑，它们之间的差异会如此之大呢？可见建筑是复杂而多义的，同社会发展水平与生活方式、科学技术水平与文化艺术特征、人们的精神面貌与审美需要等有着密切的关系。

古罗马的建筑工程师维特鲁威在他著名的《建筑十书》中提出了美好的建筑需要满足"坚固、实用、美观"这三个标准，这些准则几千年来得到了人们的认可，具体来说一个建筑应该有以下基本属性：

圆厅别墅

客家土楼

北京四合院

川西吊脚楼

图1-4　四种不同的住宅建筑

　　1）建筑具有功能性。一个建筑最重要的功能性表现在要为使用者提供安全、坚固并能满足其使用需要的构筑物与空间，其次建筑也要满足必要的辅助功能需要，比如建筑要应对城市环境和城市交通问题，要合理降低能耗等。功能性是建筑最重要的特征，它赋予了建筑基本的存在意义和价值。

　　2）建筑具有经济性。维特鲁威提出的"坚固、实用"其实就是经济性的原则。在几乎所有的建筑项目中，建筑师都必须认真考虑，如何通过最小的成本付出来获得相对较高的建筑品质，实用和节俭的建筑并不意味着低廉，而是一种经济代价与获得价值的匹配和对应。丹麦建筑师伍重设计的悉尼歌剧院是一个有趣的实例，从1957年方案设计开始到1973年建成，为了让这组优美的薄壳建筑能够满足合理的功能并在海风中稳固矗立，澳大利亚人投入了相当于预算14倍多的建设资金，工程过程也是起伏颇多。这个建筑现在已经成为澳大利亚的标志，2007年，悉尼歌剧院被列入世界文化遗产，耄耋之年的伍重也在2003年因此建筑获得了世界建筑大奖——普利策奖。悉尼歌剧院是一座典型的昂贵的建筑，如图1-5所示，它的昂贵之所以最终能被世人所接受和认可，缘于它为城市作出了不可替代的卓越贡献。这个例子也说明，经济性是一个综合的问题，需要统筹考虑造价以及各种价值，但是总的来说，并不是每个建筑都会有如此的幸运成为国家标志，对大量的建筑而言，经济性因素的考虑仍然是非常重要的。

图1-5　澳大利亚悉尼歌剧院

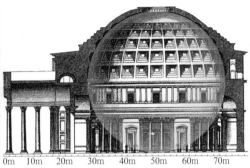

图1-6 罗马万神庙

0m 10m 20m 30m 40m 50m 60m 70m

3）建筑具有工程技术性。所谓工程技术性，就意味着建筑需要通过物质资料和工程技术去实现，每个时代的建筑反映了当时的建筑材料与工程技术发展水平。以下是三个划时代的建筑：

（1）古罗马人建造的万神庙以极富想象力的建筑手段淋漓尽致地展现了一个充满神性的空间，巨大的穹顶归功于古罗马人发明的火山灰混凝土以及拱券技术，如图1-6所示。

（2）英国为万国工业博览会而建的展馆建筑"水晶宫"能够快速建成得益于采用了玻璃与铁作为主要建材，如图1-7所示，它的出现标志着西方建筑从工业革命开始进入了全新的阶段。

（3）北京2008年奥林匹克运动会国家游泳中心"水立方"（图1-8）使用了全新的钢结构以及ETFE膜和PTFE膜,ETFE膜是由人工高强度氟聚合物(ETFE)制成，其特有的抗粘着表面使其具有高抗污、易清洗的特点，通常雨水即可清除主要污垢。其下12m处铺设PTFE膜用以吸声，集中体现了21世纪最新的建造技术。从某种意义上说，正是由于新材料、新技术的发展，才从最根本上推动了建筑的革命与发展。

图1-7 水晶宫

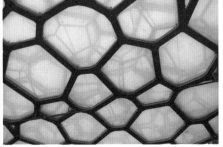

图1-8 国家游泳中心"水立方"

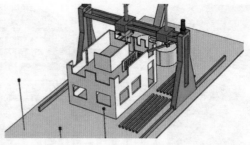

图1-9 装配式建筑（左）

图1-10 3D打印建筑（右）

目前更有装配式建筑、3D打印建筑等新的建造方式，如图1-9、图1-10所示。装配式建筑是将部分或所有建筑构件部品在工厂预制完成，然后在现场进行组装，装配式建筑具备新型建筑工业化的五大特点：标准化设计、工厂化加工、装配式施工、一体化装修和信息化管理，一旦建立完善的技术系统，其对建筑全生命周期的各领域都有显著的益处。

3D打印建筑是通过3D打印技术建造起来的建筑物，由一个巨型的三维打印机挤出建筑材料，挤压头上使用齿轮传动装置来为房屋创建基础和墙壁，直接制造出建筑物，这种建筑生产方式一旦成熟将极大地改变现有建筑的建造流程。

4）建筑具有文化艺术性。建筑或多或少地反映出当地的自然条件和风土人情，建筑的文化特征将建筑与本土的历史与人文艺术紧密相连。建筑文化性赋予建筑超越功能性和工程性的深层内涵，它使得建筑可以因袭当地文化与历史的脉络，让建筑获得可识别性与认同感、拥有打动人心的力量，文化性是使得建筑能够区别于彼此的最为深刻的原因。

1.2 建筑的构成要素

公元前1世纪罗马一位名叫维特鲁威的建筑师曾经称实用、坚固、美观为构成建筑的三要素。本节即对这三个方面分别进行简要的介绍，以使初学者进一步了解怎样认识建筑。

1.2.1 建筑功能

建筑可以按不同的使用要求，分为居住、教育、交通、医疗等类型，但各种类型的建筑都应该满足下述基本的功能要求。

1. 人体活动尺度的要求

人在建筑所形成的空间里活动，人体的各种活动尺度与建筑空间尺度具有十分密切的关系，为了满足使用活动的需要，首先应熟悉人体本身的尺度、人体活动尺度及一些常用家具的尺寸，如图1-11、图1-12所示。

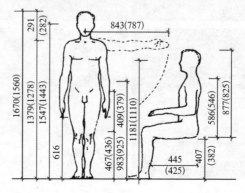

图1-11 人体尺度（mm）

2. 人的生理要求

包括对建筑物的朝向、保温、防潮、隔热、隔声、通风、采光、照明等方面的要求，它们都是满足人们生产或生活所必需的条件。如图1—13所示，在一个居室设计中，综合考虑人的生理需求，会对建筑的设计产生控制性的影响。

3. 人的活动对空间的要求

建筑按使用性质的不同，可以分为居住、教育、演出、医疗、交通等多

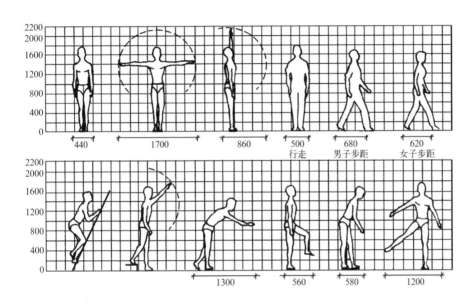

图 1—12　人体活动尺度（mm）

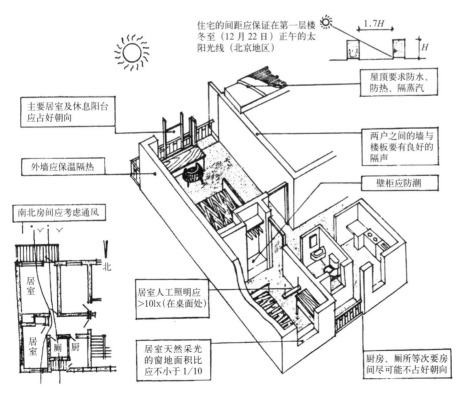

图 1—13　人体生理需求在居室设计中的体现

种类型，无论哪一种类型的建筑，都包含使用空间和流线空间这两个基本组成部分，并需要这两者合理组织与配合，才能全面地满足建筑的功能使用要求。

1）使用空间应具备以下条件：

大小和形状：这是空间使用最根本的要求，如一间卧室需要十几平方米的矩形空间，而一个观众厅则可能需要 $1000m^2$，并且需要以特殊的形状来满足视和听的要求。

空间围护：由于围护要素的存在，才能使这一使用空间与其他空间区别开来，它们可以是实体的墙、透明或透空的隔断，也可以是柱子等，如图 1-14 所示。

活动需求：使用空间中所进行的活动，决定了它的规模大小以及动静程度等，如起居室，应满足居家休息、看电视、弹琴等日常活动的需求；而一个综合排练厅，则应满足戏曲、舞蹈、演唱等多种活动的要求。

空间联系：某一使用空间与其他空间进行联系，可通过门或券洞、门洞，或是利用其他过渡性措施，如廊子、通道和过厅等；其封闭或开敞的程度如何，也是联系强弱的重要体现。

技术设备：对于空间的使用，有时需要某种技术设备的支持，以满足通风、特殊的采光照明、温度、湿度等要求，如学校建筑中的美术教室、化学实验室、语言教室等都是具有特殊功能的空间。

2）流线空间包括两方面的含义：

其一是实际使用所要求的具体通行能力，在建筑设计规范中就对疏散通道每股人流的宽度，电梯、自动扶梯的运输能力等均有规定；规范对中小学走廊乃至教室门扇的宽度等也有具体的条文规定。

其二是应顾及人在心理或视觉上的主观感受，如对建筑的主要入口或重要场所的入口加以强调，对主要通道和次要通道的建筑处理有所区别等，均出自这样的考虑。

有些建筑的使用是按照一定的顺序和路线进行的，为保证人们活动的有序顺畅，建筑的流线组织和疏散效率显得十分重要。如交通建筑设计的中心问题就是考虑旅客的活动规律，以及整个活动顺序中不同环节的功能特点和不同要求。

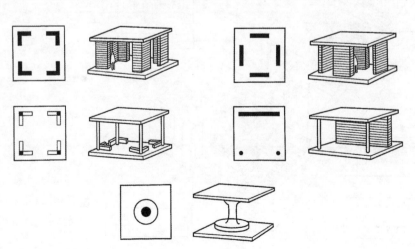

图 1-14　不同的围合方法形成不同的空间效果

各种类型的建筑在使用上常具有不同的特点，如影剧院建筑的看和听，图书馆建筑的出纳管理，一些实验室对温度、湿度的要求等，它们直接影响着建筑的功能使用。

工业建筑在许多情况下，其厂房的大小和高度可能并不取决于人的活动，而是取决于设备的数量和大小；其中的设备和生产工艺对建筑的要求有时比人的生理要求更为重要，两者甚至互相矛盾，如食品厂的冷冻车间，纺织厂对湿度的要求等；而建筑的使用过程也往往是以产品的加工顺序和工艺流程来确定的。这些都是工业建筑设计中必须解决的功能问题。

1.2.2 建筑的物质技术条件

建筑的物质技术条件主要是指房屋用什么建造和怎样去建造的问题。它一般包括建筑的结构、材料、施工技术和建筑中的各种设备等。

1. 建筑结构

结构是建筑的骨架，它为建筑提供合理使用的空间并承受建筑物的全部荷载，抵抗由于风雪、地震、土壤沉陷、温度变化等可能对建筑造成的损坏。结构的坚固程度直接影响着建筑物的安全和寿命。

建筑按照常用的结构材料分类有木结构、砌体结构、混凝土结构、钢结构、组合结构等。按照结构形式分类有混合结构、框架结构、剪力墙结构、框剪结构、筒体结构、大跨度结构，其中大跨度结构包括桁架结构、网架结构、平面桁架系网架结构、壳体结构、拱结构、索膜结构等结构类型。

大跨度结构让很多巨型建筑空间和特殊的建筑形态成为可能，如我国的国家大剧院即为钢结构壳体，如图 1-15 所示，呈半椭球形，整个壳体钢结构重达 6475t，东西向长轴跨度 212.2m，是目前世界上最大的穹顶。壳体由 18000 多块钛金属板拼接而成，面积超过 30000m²，18000 多块钛金属板中，只有 4 块形状完全一样。钛金属板经过特殊氧化处理，其表面金属光泽极具质感，且 15 年不变颜色。中部为渐开式玻璃幕墙，由 1200 多块超白玻璃巧妙拼接而成，在湖面倒影中呈现"湖中明珠"的奇异姿态。

2. 建筑材料

仅由以上介绍就可看到建筑材料对于结构的发展有多么重要的意义，砖的出现，使得拱券结构得以发展，钢和水泥的出现促进了高层框架结构和大跨度空间结构的发展，而塑胶材料则带来了面目全新的充气建筑。

同样，材料对建筑的装修和构造也十分重要，玻璃的出现给建筑的采光带来了方便，油毡的出现解决了平屋顶的防水问题，而胶合板和各种其他材料的饰面板则正在取代各种抹灰中的湿操作。建筑材料基本可分为天然的和非天然的两

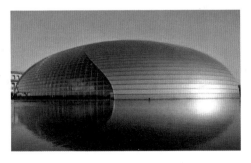

图 1-15 国家大剧院

大类，它们各自又包括了许多不同的品种。为了"材尽其用"，首先应该了解建筑对材料有哪些要求以及各种不同材料的特性，如图1-16～图1-19所示，每种材料特性不尽相同，使用的范围也会迥异，呈现的效果也极富个性。

3. 建筑施工

建筑物通过施工，把设计变为现实。建筑施工一般包括两个方面：

施工技术：人的操作熟练程度，施工工具和机械、施工方法等。

施工组织：材料的运输、进度的安排、人力的调配等。

由于建筑的体量庞大，类型繁多，同时又具有艺术创作的特点，许多世纪以来，建筑施工一直处于手工业和半手工业状态，直到20世纪初，建筑才开始了机械化、工厂化和装配化的进程。装配化、机械化和工厂化可以大大提高建筑施工的速度，但它们必须以设计的定型化为前提。近年来，我国一些大中城市中的民用建筑，正逐步形成设计与施工配套的全装配大板、框架挂板、现浇大模板等工业化体系。

建筑设计中的一切意图和设想，最后都要受到施工实际的检验。因此，

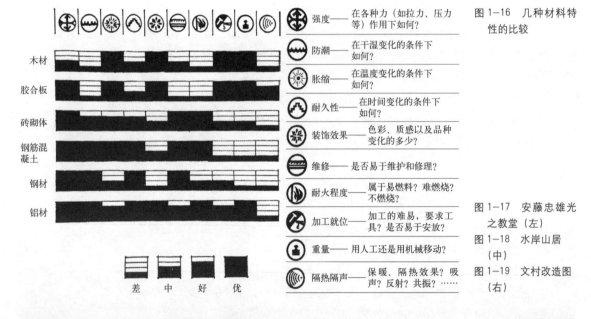

强度	在各种力（如拉力、压力等）作用下如何？
防潮	在干湿变化的条件下如何？
胀缩	在温度变化的条件下如何？
耐久性	在时间变化的条件下如何？
装饰效果	色彩、质感以及品种变化的多少？
维修	是否易于维护和修理？
耐火程度	属于易燃料？难燃烧？不燃烧？
加工就位	加工的难易，要求工具？是否易于安放？
重量	用人工还是用机械移动？
隔热隔声	保暖、隔热效果？吸声？反射？共振？……

图1-16　几种材料特性的比较

图1-17　安藤忠雄光之教堂（左）

图1-18　水岸山居（中）

图1-19　文村改造图（右）

坚实厚硬的清水混凝土形成绝对围合的黑暗空间，人在进入建筑后瞬间体验到与外界的隔绝，阳光从墙体水平和垂直交错的开口泄进来，光影效果和清冽的混凝土相互映衬，营造了一个富有神性震撼力的空间。

夯土为中国古代建筑的一种材料，经过压制成混合泥块用来建造房屋，我国使用此技术的时间十分久远，从新石器时代到20世纪50～60年代一直在大规模使用。王澍在中央美院"水岸山居"和浙江杭州富阳区洞桥镇文村的设计中，通过固化剂等技术的改进，推动了夯土的应用。

设计工作者不但要在设计工作之前周密考虑建筑的施工方案,而且还应该经常深入现场,了解施工情况,以便协同施工单位,共同解决施工过程中可能出现的各种问题。

1.2.3 建筑形象

建筑形象可以简单地解释为建筑的观感或美观问题。

如前所述,建筑构成我们日常生活的物质环境,同时又以它的艺术形象给人以精神上的感受。我们知道,绘画通过颜色和线条表现形象,音乐通过音阶和旋律表现形象。那么,什么是建筑形象的表现手段呢?

和其他造型艺术一样,建筑形象的问题涉及文化传统、民族风格、社会思想意识等多方面的因素,并不单纯是一个美观的问题。但是一个良好的建筑形象,却首先应该是美观的。为了便于初学者入门,下面介绍应该注意的一些基本原则。

它们包括:比例、尺度、对比、韵律、均衡、稳定等。

1. 比例

指建筑的各种大小、高矮、长短、宽窄、厚薄、深浅等的比较关系。建筑的整体、建筑各部分之间以及各部分自身都存在这种比较关系,犹如人的身体有高矮胖瘦等总的体形比例,又有头部与四肢,上肢与下肢的比较关系,而头部本身又有五官位置的比例关系。

建筑形象所表现的各种不同比例特点常和它的功能内容、技术条件、审美观点有密切关系。关于比例的优劣很难用数字作简单的规定。所谓良好的比例,一般是指建筑形象的总体以及各部分之间,某部分的长、宽、高之间,具有和谐的关系。要做到这一点,就要对各种可能性反复地进行比较,力求做到高矮匀称,宽窄适宜,这就是我们通常所说的"推敲"比例。

达·芬奇绘制的"维特鲁威人"是完美的人体比例的典型范例,如图1-20所示,建筑师维特鲁威在他的建筑学著作中提到,人体的量度是依照自然的分布方法的。如果你将双腿展开到最大限度,你的身高就会因此减少1/14,伸开并举高你的双臂,直到中指与头顶齐平,这个时候,你伸展开的四肢交叉的中心点,就在你的肚脐,而两腿之间形成的区域,也是一个等边三角形。

2. 尺度

主要是指建筑与人体之间的大小关系和建筑各部分之间的大小关系,而形成的一种大小感。建筑中有一些构件是人经常接触或使用的,人们熟悉它们的尺寸大小,如门扇一般高为 2 ~ 2.5m,窗台或栏杆一般高为 900mm 等。这些构件就像悬挂在建

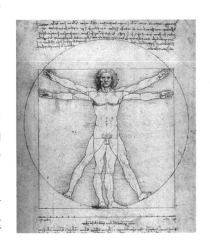

图1-20 达·芬奇绘制的"维特鲁威人"

图 1-21　人们从熟悉
的台阶可推断建筑
的高度

人们从一个套型的平面家具布置，可以大致感受整个空间的尺度，家具的尺寸浮动范围较小，给人们提供了较为准确的尺度感。

图 1-22　套型家具布置与空间尺度的关系

筑物上的尺子一样，人们会习惯地通过它们来衡量建筑物的大小。

在建筑设计中，除特殊情况外，一般都应该使它的实际大小与它给人印象的大小相符合，如果忽略了这一点，任意地放大或缩小某些构件的尺寸，就会使人产生错觉，或是实际大的看上去"小"了，或是实际小的看上去"大"了。如图 1-21、图 1-22 所示。

3. 对比

事物总是通过比较而存在的，艺术上的对比手法可以达到强调和夸张的作用。对比需要一定的前提，即对比的双方总是要针对某一共同的因素或方面进行比较。如建筑形象中的方与圆——形状对比，光滑与粗糙——材料质地的对比，水平与垂直——方向的对比……其他如光与影，虚与实的对比等，如图 1-23、图 1-24 所示。在建筑设计中成功地运用对比可以取得丰富多彩或突出点的效果，反之，不恰当的对比则可能显得杂乱无章。

在艺术手法中，对比的反义词是调和，调和也可以看成是极微弱的对比。在艺术处理中常常用形状、色彩的过渡和呼应来减弱对比的程度。调和手法容易使人感到统一，但处理不当会使人感到单调、呆板。

4. 韵律

如果我们认真观察一下大自然，如大海的波涛、一棵树木的枝叶、一片小小的雪花……会发现它们有想象不到的构造，它们有规律的排列和重复的变

建筑裙楼通过砖墙和玻璃材质的交替运用形成了较大的虚实对比；主楼建筑侧面的实墙与正面的条状虚墙形成另一层次的对比，营造出丰富的建筑立面。

图 1-23　重庆大学图
书馆

图 1-24　建筑的虚实
对比

化，犹如乐曲中的节奏一般，给人一种明显的韵律感。建筑中的许多部分，因功能的需要，或因结构的安排，也常常是按一定的规律重复出现的，如窗子、阳台和墙面的重复，柱与空廊的重复等，都会产生一定的韵律感。如图 1-25～图1-28 所示。

　　5. 均衡

　　建筑的均衡主要是指建筑的前后左右各部分之间的关系，要给人安定、平衡和完整的感觉。均衡可用对称布置的方式来取得静态均衡，也可以用一边高超一边平铺，或一边一个大体积另一边几个小体积等方法取得动态均衡。这

隈研吾设计的中国美院民艺博物馆屋顶配合山丘形成高低起伏的韵律，整座建筑都是由土生土长的土瓦青砖依山而建，用瓦片盖建而成，生在山野，隐于自然，与周围的环境浑然天成。

中国美院民艺博物馆墙面通过悬挂不同大小的青瓦，形成富有韵律的光影效果。

建筑的阳台出挑与绿植交替出现，呈现韵律感。

图 1-25　中国民艺博物馆（左上）

图 1-26　光影的韵律（左下）

图 1-27　阳台绿植韵律（右）

图 1-28　建筑立面开窗呈现的韵律

两种均衡给人的艺术感受不同，一般说前者较易取得严肃庄重的效果，而后者较易取得轻快活泼的效果（图 1-29）。

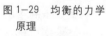

(a)　　　　　(b)

图 1-29　均衡的力学原理

(a) 通过对称实现静态均衡；
(b) 不对称的动态均衡

6. 稳定

　　主要指建筑物的上下关系在造型上所产生的一定的艺术效果。人们根据日常生活经验，知道物体的稳定和它的重心位置有关，当建筑物的形体重心不超出其底面积时，较易取得稳定感，如图 1-30、图 1-31 所示。上小下大的造型，稳定感强烈，常被用于纪念性建筑。

图 1-30　南京中山陵（左）

图 1-31　望京 SOHO（右）

吕彦直设计建造的南京中山陵，富有中华民族特色的大型建筑组群，祭堂融合了中西建筑风格，通过建筑墙体收分、屋顶缩进的造型营造出敦实的稳定感。

扎哈·哈迪德设计的中国北京望京 SOHO，同样具有锥形的稳定感，非线性流线型的建筑布局，营造了自由流动的内部场地。

上述有关建筑形式美的基本原则，是人们在长期的建筑实践中积累和总结的，这些原则有助于我们更为积极和自觉地对建筑美观问题进行探讨。需注意的是，人们的审美标准并不是一成不变的，随着历史的发展，人们对美的取向也在发生着变化。特别是自现代建筑兴起以来，关于建筑形式美的探讨已经有了相当大的发展，有些问题已经难以用传统的构图原则进行解释，如变异、减缺、解构等艺术手法在建筑创作中的运用，以及以扎哈·哈迪德为代表的建筑师进行的一系列参数化建筑的创作，现有的规律无法完全地概括这些建筑美的规律，但不可否认这些作品同样是惊艳的，在一定程度上刷新了我们对美的规律的认知，我们需要辩证看待现有的美的规律，保持对建筑审美变化的敏锐洞察，实时更新自身的认知。

总的说来，上述三者之间，功能要求是建筑的主要目的，结构材料等物质技术条件是达到目的的手段，而建筑的形象则是建筑功能、技术和艺术内容的综合表现。其中，功能居于主导地位，它对建筑的结构和形象起决定的作用。结构等物质技术条件是实现建筑的手段，因而建筑的功能和形象要受到它一定的制约。例如：体育馆建筑要求有遮盖的巨大空间，供运动比赛之用，正是这种功能要求决定了体育馆建筑需要采用大跨度的结构作为它的骨架，从而也决定了一座体育馆建筑的外形轮廓不可能是一个细高体或板状体。但是，如果没有一定的结构和施工技术，体育馆的功能要求就难以实现，也无从表现它的艺术形象。

那么，建筑的艺术形象是不是完全处于被动地位呢？当然不是这样。同样的功能要求，同样的材料或技术条件，由于设计的构思和艺术处理手法的不同，以及所处具体环境的差异，完全可能产生出风格和品位各异的艺术形象。

建筑既是一项具有切实用途的物质产品，同时又是人类社会的一项重要的精神产品。建筑与人们的社会生活有着千丝万缕的联系，从而使其成为综合反映人类社会生活与习俗、文化与艺术、心理与行为等精神文明的载体。所以，建筑艺术问题，并不仅仅是单纯的美观问题，它所具有的精神感染力是多方面的，是持久的和具有广泛群众基础的。作为这样一种精神产品，它应当反映我们的时代和生活，为广大人民群众所喜爱；同时，也要求它具有单个产品之间的差异性和创造性，这正是建筑艺术的魅力所在。

所以，功能、技术、形象三者是辩证统一的关系。

1.3 建筑与环境

建筑无法脱离其所处的环境单独存在，人之所以建造建筑，初始目的也是建造各种用途的空间环境，来满足人们的生活生产需求。建筑、人、环境应该被看作是一个不可分割的整体，建筑如果无法满足人对环境的要求，便失去了存在的意义。因此，仅仅停留在对建筑自身的了解是远远不够的，我们还必须从人与环境的角度进一步了解建筑和建筑学。

1.3.1 聚居需要环境

人类社会的存在是以聚居为必要条件的，只有相聚而居、集体协同，人类才能维护其生存与发展，这是了解人与环境关系的起点。早在以洞穴为居的远古时代，人们就已经学会利用自然条件为自己创造一个生息之所，并在漫长的岁月里，为逐渐改善和提高自己的聚居环境做着不懈的努力。从距今几千年前的我国西安附近的姜寨和半坡村氏族聚落遗址中，已经不难看出人们在长期经营自己的生活中，除具体的房屋建造技术外，已经考虑到居住与劳作、个体与群体活动的分区，以及防卫、贮藏乃至殡葬等多种生活内容对环境的要求，如图1-32所示。

这个实例告诉我们：

（1）这种聚居环境不仅是"自然的人"的需要，如阳光、空气、水、食物等，同时也为"社会的人"劳作、交往、集会、娱乐和安全等多种需求提供了保障。

（2）穴屋这一建筑形式是这个环境中的重要组成部分，但它们还必须与周围的人工部分如围栏、壕沟、窑场等，以及自然部分如河流、台地、树木等共同构成一个环境整体。

（3）这个整体环境的服务对象是人，人可以创造和利用环境，但又不可避免地受到环境的制约，二者共同决定着人们的生活方式。

图1-32 半坡村氏族
聚落遗址

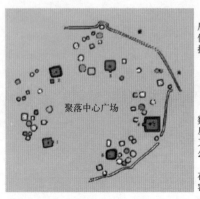
聚落中心广场

居住区位于临河高地，便于取水，除河流面均挖壕沟以防御。

数十座草泥顶的木构穴屋分团而建，每团穴屋又建一大屋，作为氏族公共活动之用。

在壕沟以外建有仓库、窑场和公共墓地。

虽然，如今人类的聚居方式已经和当时大不相同了，生活内容的日益复杂、建筑技术的巨大进步，使我们所处的环境内容更加丰富，但这个实例说明的道理是相同的。

1.3.2 建筑环境

建筑是人类聚居环境中的重要内容，人类聚居形式的发展和长期的建筑实践促进了建筑设计专业的产生和发展，如今已经形成了一个由室内设计、建筑设计、居住区规划、城市设计及城乡规划等各相对独立又互为联系的专业组成的体系。它反映出由家庭、邻里、社区、村镇和城市等不同层面所共同构成的庞大聚居系统对环境的需要，从而使当今的建筑工作者，面临着十分广阔而多样的业务内容。无论他所从事的具体工作范围涉及什么样的聚居层次，都是对其相应环境的创造。著名的雅典卫城（图1-33）、圣马可广场、苏州园林（图1-34）等以其鲜明的环境艺术特色而成为人类宝贵的建筑遗产。然而，对建筑与环境问题进行系统而全面的探讨则是近几十年来建筑领域的一个重大发展。现代建筑运动中对环境的忽视，当代全球环境的迅速恶化等是推动这种探讨产生和发展的重要原因。

如果进一步分析前述氏族遗址的例子，我们可以从中发现它实际上存在

公元前5世纪上半叶，在希波战争中，希腊人以高昂的英雄主义战败了波斯的侵略，战后进行了大规模的建设，建设的重点是卫城。卫城的建筑与地形结合紧密，极具匠心。如果把卫城看作一个整体，那山岗本身就是它的天然基座，而建筑群的结构以至多个局部的安排都与这基座自然的高低起伏相协调，构成完整的统一体。它被认为是希腊民族精神和审美理想的完美体现。卫城的古迹中，著名的有山门、帕提农神庙、伊瑞克提翁神庙和雅典娜胜利女神庙。

图1-33 雅典卫城

留园为中国大型古典私家园林，占地面积23300m²。以建筑艺术精湛著称，厅堂宏敞华丽，庭院富有变化，太湖石以冠云峰为最，有"不出城郭而获山林之趣"之说。其建筑空间处理精湛，造园家运用各种艺术手法，构成了有节奏、有韵律的园林空间体系，成为世界闻名的建筑空间艺术处理的范例。现园分四部分，东部以建筑为主，中部为山水花园，西部是土石相间的大假山，北部则是田园风光。

图1-34 留园

着诸如局部与整体、人工与自然、内部与外部、生理与心理以及文化与地区等多种构成环境整体的因素，这些因素仍然可以作为今天我们认识建筑与环境关系的起点。

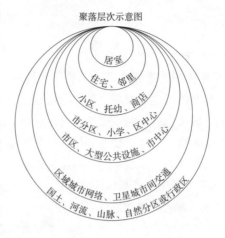

——没有局部就没有整体
——局部隶属于整体
——任何建筑环境都是相对于一定内容而言的

聚落层次示意图

居室
住宅、邻里
小区、托幼、商店
市分区、小学、区中心
市区、大型公共设施、市中心
区域城市网络、卫星城市间交通
国土、河流、山脉、自然分区或行政区

图1-35　环境的相对性和整体性

1．建筑环境的相对性和整体性

任何建筑环境都是相对于一定的内容而言的，如居室中的家具、门窗、隔声、保温等构成居室的环境内容；居室和餐室、厨房等构成住宅的环境内容；众多的住宅和其他服务设施如小学、商店等以及交通、绿化等又构成居住区的环境内容，因此建筑师所面临的每个具体工作都有其相对完整的意义。而从相对意义来看，居室和住宅又都分别是住宅和居住区这个更大环境层次中的局部。没有局部就没有整体，然而局部又是隶属于整体的，如图1-35所示，脱离了整体也就失去了对局部环境的评判标准。当我们评论任何一项建筑设计时，总不能脱离开它与周围建筑的关系，周围的交通组织、绿化、景观等环境条件。在一定的情况下，局部和整体还可能会存在这样或那样的矛盾，因此，在当前建筑领域内部分工日趋精细的情况下，树立整体环境意识，处理好局部与整体的关系显得尤为重要。

2．自然环境与人工环境

就房屋建筑本身而言，它是一项人工产品，所提供的主要是人为环境。人的生活中人工环境和自然环境都是不可或缺的，人们总是渴望在以建筑为主的人工环境中，得到与自然的亲近沟通，实现室内与室外环境的融合，实例如图1-36所示。

从另一方面来看，房屋建筑毕竟是人们防御自然侵袭的产物，也是人类千百年来技术与艺术的结晶。建筑所营造的人工环境，包括它对各种实用功能

农田
学校
花园

北京房山四中的教学楼较好地体现了建筑自然与人工环境的交融。由于场地的空间限制，建筑采用在垂直方向上创建了多层地面的设计策略。学校的功能空间被组织成上下两部分，垂直并置的上部建筑和下部空间，及它们在"中间地带"（架空的夹层）以不同方式相互接触、支撑或连接，形成了多样变化的半自然半人工环境。室外剧场、师生园地、荷花水塘、诗歌花园、竹石庭院、龙形山丘六种不同功能的生态公园将学校围合，"习礼大树下，授课杏林旁"这样一幅以自然为课堂、在大自然中讲习的场景真正从理想照进了现实。

图1-36　北京房山四中

的满足以及它独具的形体空间艺术，都是大自然所无从提供的。脱离了人工条件便失去了建筑的存在；而割裂与自然的联系，则会使人的生活受到很大的局限。因地制宜，既取人工之巧，又得自然之利，在各种不同层次的建筑环境创造中，都是一种重要的手法。

3. 建筑环境的内与外

取得可用的内部空间，是建造建筑物的主要目的，而它一旦建成，又必然会对周围的外部环境产生一定程度的影响。它或处于自然包围之中，需要对周边环境进行相应的改造；或与其他建筑物共同形成群体、街道或广场，组成以人工为主的室外环境。这些由建筑参与或以建筑为主的外部空间，同样为人们的活动提供场所，并具有艺术的魅力，是人们户外生活不可缺少的环境。人们把广场比作"城市的客厅"，正是形象地反映了城市生活对建筑外部空间环境的要求。在外部空间环境的营造中，我国的四合院建筑、骑楼街道、西方的城市广场都留下了丰富的遗产（图1—37、图1—38）。近年来所兴起的建筑外部空间设计、城市设计、景观设计等也都是超越单幢建筑，从更加宏观的角度对建筑与环境关系的探讨。对于建筑师来说，树立建筑环境整体观是必须的。

4. 物理环境与行为环境

建筑物的安全、坚固以及通风、采光、保温、隔热等要求是人的生理需要，也是构成建筑物理环境的基本内容。在某些建筑类型中，如观演建筑或体育建筑等，对人的视听要求和竞技条件需要进行专门的考虑，如图1—39所示。科学技术的发展为不断改善建筑物理环境提供了广阔的天地，建筑结构、建筑的

意大利中部托斯卡纳大区锡耶纳田野广场是欧洲最大的中世纪广场之一，整个广场由周边的市政厅、曼吉亚塔楼和各种各样的贵族府邸等建筑自然围合而成，与城市主要交通道路自然衔接，成为当地居民重要的室外活动场地。田野广场是建于13世纪以前的集市，建在三条山脊汇合处附近的山坡上。1349年，广场铺上了鱼骨图案的红砖，从市政厅前面中央排水渠口发出9条石灰华线。

图1—37 意大利田野广场

广东福建一带的骑楼。骑楼是建筑内外过渡空间的典范。骑楼指城镇沿街建筑,上楼下廊。骑楼下廊,叫"五脚基"(这个名称与东南亚的叫法有渊源关系)遮阳防雨,既是居室(或店面)的外廊,又是街道的人行道。

图 1-38 骑楼

供热、供暖、供电等已经发展为独立的专业,建筑物理学已从建筑物内部的声、光、热环境扩大到对城市声、光、热环境的研究。

比如,影剧院为了让观众看得见,需进行剖面视线升起设计;为了让观众看得清,需进行平面最远视距控制,歌舞剧场不宜大于 33m,话剧、戏剧场不宜大于 28m,岛式舞台剧场不宜大于 20m;为了让观众看得舒服,需进行平面、剖面视角分析;为了让观众看得全,需进行平面分析,控制偏座。此外,还需对观众厅平剖面进行周到的设计,通过墙面和顶棚等一系列反射面的设置,保证大厅的声场音质。

建筑又是一种心理和行为的环境,人们在长期的生活实践中,形成的行为模式和心理体验,会在不同的活动中对建筑环境提出不同的要求,如私密性的活动要求相对封闭的空间,公共场合则要求建筑环境具有较强的包容性。反过来看,不同的建筑环境也会对人产生不同的制约和影响;而且,即使同一建筑环境,不同的人或人群也会有不同的反映,这些不但可以从许多建筑环境实例中得到验证,而且也已经为一些心理学家所做的各种试验所证实(图1-40~图 1-43)。与过去相比,现在社会的生活内容和行为方式要远为丰富

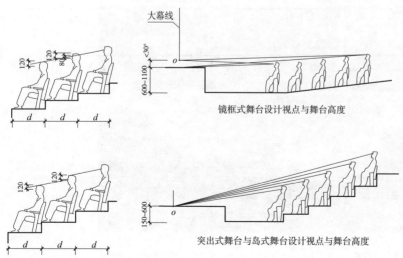

镜框式舞台设计视点与舞台高度

突出式舞台与岛式舞台设计视点与舞台高度

影剧院需根据舞台类别来设计视线,舞台高度应小于第一排观众眼高。一般镜框式台口舞台高 0.60~1.10m,突出式及岛式舞台高 0.15~0.60m;前后排座位需做升起设计,一般隔排升起 0.12m 或者每排升起 0.12m。

图 1-39 影剧院视线设计

图底之分——在一定的场内，我们总是有选择地感知一定的对象，而不是明显感知其中所有的对象——有些突显出来成为图形，有些则退居衬托地位成为背景，俗称图底之分。图底关系是人凭直觉认识世界的最基本需要。感知对象图底不分或难分，成为暧昧或混乱的图形，视觉易疲劳而令人感到厌烦。

单纯的几何形态易成图形。如卢佛尔宫前的玻璃金字塔，在复杂的建筑环境中以其单纯的几何形态吸引着游人的注意而突显为图形。

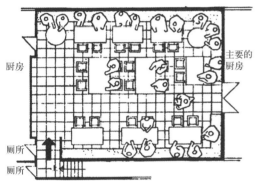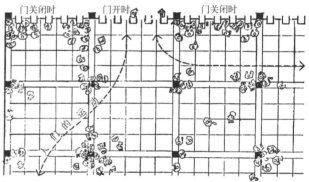

餐馆中人们选择座位的频度调查——两天之内有10个或更多的人选择图中所示的位置。

在一个车站的候车厅内，人们候车时选择的位置。

和复杂，从环境行为的角度进一步认识人与建筑环境的关系，这对提高建筑环境质量有着十分积极的意义。

5. 建筑环境与地区

建筑环境的存在离不开一定的空间范围，一定地域内的气候状况、材料资源、地形地貌等对建筑环境的形成有着重要的影响（图1-44）。在技术不发达的古代，这种影响尤为明显，从而为不同的建筑环境带来了强烈的地域特色。我们既要看到现代社会中，科学技术的发展、信息资料的快速传递，以及生活方式的变迁和沟通，不可避免地对建筑地区特色所产生的强大冲击；又要看到不同的地区，乃至同一地区、同一城镇或更小的范围内仍然存在着各种条件的差异，不同地域条件所造成的建筑环境特色，经过时间的累积已经转化为人们文化上和心理上的认同，从而在当今的趋同现象下具有其独特的魅力。

6. 建筑环境与文脉

同样，建筑环境的存在也离不开一定的时间范畴，单幢建筑如此，它所在的镇、城市或地区更是伴随着一定的历史脚步，经过长时期的生活淀积，从

西藏布达拉宫——平顶、厚墙、小窗、浓墨重彩，体现了强烈的地域特色。

图1-44　西藏布达拉宫

社会习俗、文化艺术、宗教信仰、思想意识乃至政权更迭等各个方面，充实着建筑环境的内涵。实例如图1-45、图1-46所示。

人们在经历了现代建筑运动的广泛实践之后，逐渐对国际式的千篇一律日趋担心，正在重新反思建筑的人文含义。重文脉，处理好创新与继承的关系仍是当今建筑发展中的一个重要课题。当然，对文脉的重视并不意味着仅仅是对过去的形式上的模仿，更不是说一切已有的东西都不能进行更新或改造，而是要因地制宜，具体问题具体对待。对于某些历史文化名城或重要历史地段的改造以及某些具有重大意义的公共建筑设计，对文脉的考虑则是非常必要的。

7. 环境艺术的多样统一

在此着重讲述环境美的问题。环境艺术的多样统一是创造优美环境的一个重要原则。从对单体建筑艺术表现力的重视——它的空间组合、外观形象和装饰细节等，扩大到对建筑群体组合，建筑外部空间艺术，街道、园林和城市

用钢、玻璃、青砖等建筑材料和现代建筑形式语言，延续了川渝传统建筑的空间性格，是文脉延续的经典之作。

图1-45　成都远洋太
古里商业街

贝聿铭先生设计的苏州博物馆，着力探索了中国传统江南园林在现代语境中的表达方式，清澈干净的黑白灰的建筑色调，粉墙黛瓦间辅以传统的六角窗、假山墙、院落空间等传统元素，将传统江南园林的空间场所精神发挥得淋漓尽致。

图 1—46 苏州博物馆

景观艺术的全面营造，是建筑师在长期实践中认识上的提高，是对建筑艺术领域的拓展。建筑师在其环境创造中，不但要使人们欣赏到建筑的单体之美，还要让人们充分享受到建筑群体之美，街道、广场之美，以及人工与自然之美、内部空间与外部空间之美、城市之美等。

随着今后的学习，我们将逐步体会到这些不同层次范围的环境之美，是有着各自不同的具体内容的，也是不能相互代替。它们共同构成一个和谐的整体，它们同样存在着我们开始时所强调的局部与整体的相对关系。

从上述各点中可以看到，建筑环境的形成包含着多方面的因素和内容，建筑师在不同的分工和具体工作中，所涉及的环境范围或大或小，所遇到的各种环境因素也不尽相同，然而，树立整体的环境意识则是每个建筑师所必需的。只有根据实际情况进行综合分析，从人的生活出发，从整体环境着眼，才能做到建筑、人、环境的和谐统一。这是一个建筑师工作的出发点，也是他工作的归宿。

1.4 中国古典建筑基本知识

1.4.1 中国古代建筑概述

我国是一个幅员广阔、历史悠久的多民族国家，我国古代文化在世界历史上有着极其丰富而辉煌的成就，我国古代建筑也是其中的一部分（图1-47）。我们的祖先和世界上其他古老的民族一样，在上古时期都是用木材和泥土建造房屋，但后来很多民族都逐渐以石料代替木材，唯独我们国家以木材为主要建筑材料已经有五千多年历史了，它形成了世界古代建筑中的一个独特的体系。这一体系从简单的个体建筑到城市布局，都有自己完善的做法和制度，形成一种完全不同于其他体系的建筑风格和建筑形式，是世界古代建筑中延续时间最久的一个体系。

这一体系除了在我国各民族、各地区广为流传外，历史上还影响到日本、朝鲜和东南亚的一些国家，是世界古代建筑中传布范围广泛的体系之一（图1-48）。我国古代建筑在技术和艺术上都达到了很高的水平，既丰富多彩又具有统一风格，留下了极为丰富的经验，学习这些宝贵的遗产，可以为今后设计和创作提供启发和借鉴。

我国古代建筑的发展演变，可以从近百年以前上溯到六七千年以前的上古时期。

在河南安阳发掘出来的殷墟遗址，是商代后期的都城，那时是我国的奴隶社会，距今已有四千多年。遗址上有大量夯土的房屋台基，上面还排列着整齐的卵石柱础，留有木柱的遗迹。我国传统的木构架形式在那时已经初步形成。

从公元前5世纪末的战国时期到清代后期，前后共有两千四百多年，是我国封建社会时期，也是我国古代建筑逐渐成熟、不断发展的时期。

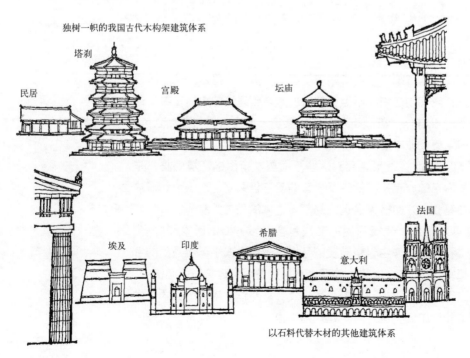

独树一帜的我国古代木构架建筑体系

塔刹

民居　　宫殿　　坛庙

以石料代替木材的其他建筑体系

埃及　印度　希腊　意大利　法国

图1-47　中国木构架建筑体系与西方其他建筑体系

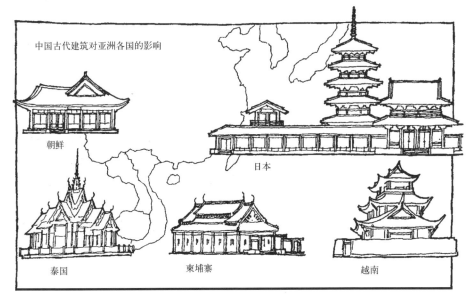

图 1—48　中国木构架
建筑体系的影响力

中国古代建筑对亚洲各国的影响

朝鲜

日本

泰国

柬埔寨

越南

　　六七千年前到公元前 21 世纪，是中国的原始社会建筑时期，在陕西省的半坡遗址中已经发现了木骨泥墙的半穴居建筑（图 1—49），而在浙江余姚的河姆渡文化遗址中发现当时人们已经发明了榫卯木建筑构件（图 1—50），这是非常了不起的事情。

　　河南偃师二里头宫殿遗址（图 1—51）表明，夏朝时期我国传统建筑的院落式布局已经开始形成。四千年前的商周时期是中国的奴隶制社会，这个时期中国传统木构架建筑形式已经基本确定，河南省安阳发掘的殷墟遗址中发现了建造于夯土台基上的卵石柱础和木柱痕迹。2007 年浙江良渚发掘的古城有力地说明，这一时期，城市作为人类聚居地也有了较大的发展。可以说，从夏商周到战国时期，中华的建筑文明之花正含苞待放。

　　秦汉时期被认为是中国建筑逐渐走向成熟的发端，"秦砖汉瓦"代表了当时建筑材料和构造的发展水平，在这个时期，中国已经有了完整的廊院和楼阁，建筑从上至下分为屋顶、屋身和台基，这也奠定了日后中国古建筑的基本雏形。作为重要的承重构件，斗栱也出现了（图 1—52、图 1—53），斗栱帮助建筑的屋顶向四面延展并科学地将荷载传递给梁柱。

　　在魏晋南北朝时期（公元 220～589 年），佛教迅速传播，使寺庙、塔和石窟

图 1—49　西安半坡村
原始社会方形房屋

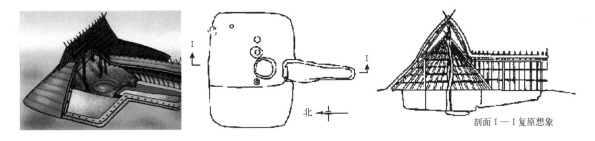

北

剖面 I—I 复原想象

建筑得到很大发展，产生了灿烂的佛教建筑和艺术（图1-54、图1-55）。中国的佛教由印度经西域传入内地，初期佛寺布局与印度相仿，而后佛寺进一步中国化，不仅把中国的庭院式木架建筑使用于佛寺，而且使私家园林也成为佛寺的一部分。

唐代是我国封建社会最繁盛的时期，这一时期的科学文化都达到了前所

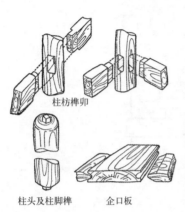

河姆渡遗址距今约六七千年，已发掘部分长约23m、进深约8m，木构件遗物有柱、梁、枋、板等，许多构件上带有榫卯，有的有多处榫卯。这是我国已知的最早采用榫卯技术构筑的木结构房屋实例。这一实例说明当时长江下游一带木结构建筑的技术水平高于黄河流域。

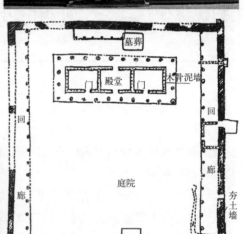

夏朝时期可确认的我国最早宫城遗迹。

图1-50　浙江余姚河姆渡遗址　　　　图1-51　河南偃师二里头宫殿遗址

汉代出土的明器，可见斗栱已成为楼阁中的主要构件。

图1-52　明器

石建筑在东汉得到快速的发展，表现在石墓、崖墓的发展以及墓阙、墓祠、墓表、石兽、石碑。

图1-53　雅安高颐阙

北魏时期建造，为 15 层密檐砖塔，是现存最古 自佛教从印度传入后，开凿石窟的风气在全国迅速传播开来。
老的一座砖塔。

图 1—54 河南登封嵩
岳寺塔（左）
图 1—55 云冈石窟(右)

未有的高度，是我国古代建筑发展的成熟时期。山西五台山的佛光寺大殿（公
元 857 年）被认为是我国现存时代最早、最完整的能够反映唐代建筑风貌的木
构架建筑（图 1—56、图 1—57）。

　　唐代以后形成五代十国分裂的形势，直到北宋又完成了统一，社会经济
再次得到恢复发展（图 1—58）。这时期总结了隋唐以来的建筑成就，制定了设

图 1—56 佛光寺大殿
实景

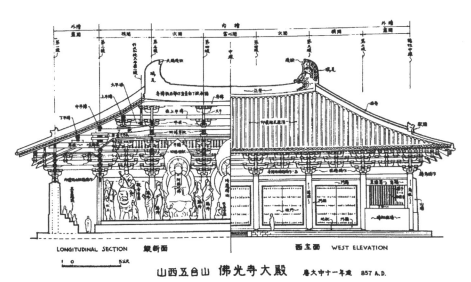

佛光寺大殿单层七间，斗栱雄大，比例和设计无比的雄健庄严。大殿建于公元 857 年。佛光寺大殿是我国现存
最大的唐代木建筑，而唐代是中国艺术史上的黄金时代。寺内的雕塑、壁画饰带和书法都是当时的作品。这些
唐代艺术品聚集在一起，使这座建筑物成为中国独一无二的艺术珍品。

图 1—57 山西五台山
佛光寺大殿手绘图

北宋画家张择端绘制的《清明上河图》，生动记录了中国12世纪北宋都城东京（又称汴京，今河南开封）的城市面貌和当时社会各阶层人民的生活状况。手工业的繁荣推动着里坊制解体后，东京街头呈现出一派繁荣的景象。

图1-58　清明上河图

辽代建，为我国现存最古的木塔，高67.31m，历900多年和几次大地震，迄今仍然巍然屹立，充分表示了我国古代建筑达到高度的技术水平。

图1-59　山西应县佛宫寺释迦塔

图1-60　北京天坛祈年殿

计模数和工料定额制度，编著了《营造法式》，由政府颁布施行，这是一部当时世界上较为完整的建筑著作。

辽、金、元时代，建筑沿袭了唐代的传统，如图1-59所示。

中国古代建筑在明清时走向了另一个高潮，现存很多古建筑都是这个时期留下来的，比照唐代建筑，明清时期的建筑更加注重彩绘等装饰，特别是清朝时期的建筑极尽装饰繁华之事（图1-60）。

近百年来，由于我国社会制度发生了根本的变化，封建制度解体，新的功能使用要求和新的建筑材料、技术，促使建筑传统形式发生深刻的变化，但是古代建筑中的某些设计原则、完美的建筑艺术形象，在今后的建筑发展中仍将得到继承和发扬。

1.4.2　中国古代建筑的地方特点和多民族特征

我国幅员辽阔，不同地区的自然条件差别很大，如图1-61、图1-62所示。长期以来，不同地区的劳动人民就根据当地的条件和功能的需要来建造房屋，形成了各地区建筑的地方特点。由于各地区采用不同的材料和做法，建筑外形

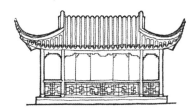 

南方地区气候温暖，墙较薄，屋面较轻，木材用料也比较细，建筑外形相应轻巧玲珑。

北方寒冷地区的墙较厚而屋面较重，用料比例相应粗壮，建筑外形也就显得浑厚稳重。

图 1—61　南北方建筑特色

蒙古包，北方游牧民族有便于迁徙的轻木骨架覆以毛毡的毡包式居室。

甘肃、新疆维吾尔族居住的干旱少雨地区有土墙平顶或土墙拱顶的房屋。

窑洞，黄河中上游地区人们利用黄土断崖挖出横穴作居室。

画家吴冠中笔下的徽州民居。

四川、重庆一带的巴渝民居，建筑群落因地制宜、高低错落。

川藏碉楼，片石、黄泥信手砌成。

福建客家土楼，坚固、安全、封闭，合族聚居。

黎族船形屋，低干阑，上面覆盖着茅草，半圆形船篷顶，无墙无窗，前后有门，利于抵抗台风、防湿、防瘴、防雨。

图 1—62　不同民族和地区的建筑

更是多种多样。

此外，我国是一个多民族的国家，汉族人口占90%以上，此外还有50多个少数民族，各民族聚居地区的自然条件不同，建筑材料不同，生活习惯不同，又有各自的不同宗教和文化艺术传统，因此在建筑上表现出不同的民族风格和地方特点（图1-62）。

1.4.3 中国古代建筑基本特征

1. 建筑外形的特征

中国古代建筑外形上的特征最为显著，它们都具有屋顶、屋身和台基三个部分（图1-63），而各部分的造型与世界上其他建筑迥然不同，这种独特的建筑外形，完全是由于建筑物功能、结构和艺术的高度结合而产生的。

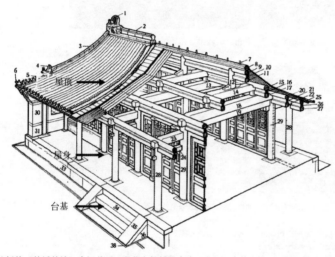

沈括的《梦溪笔谈》中记载了一段北宋都料匠喻皓《木经》中的文字——"凡屋有三分：自梁以上为上分，地以上为中分，阶为下分"。

图1-63 建筑外形的三分

2. 建筑结构的特征

中国古代建筑主要采用的是木构架结构（图1-64），木构架是屋顶和屋身部分的骨架，它的基本做法是以立柱和横梁组成构架，四根柱子组成一间，一栋房子由几间组成。

我国古代建筑中的斗栱不仅在结构和装饰方面起着重要作用，而且在制定建筑各部分和各种构件的大小尺寸时，都以它作为度量的基本单位（图1-65、图1-66）。

斗栱在我国历代建筑中的发展演变比较显著。早期的斗栱比较大，主要作为结构构件。唐、宋时期的斗栱还保持这个特点，但到了明、清时期，它的结构功能逐渐减少，变成很纤细的装饰构件。因此，在研究中国古代建筑时，又常常以斗栱作为鉴定建筑年代的主要依据。

中国古代建筑的重量都由构架承受，而墙并不承重。我国有句谚语叫做"墙倒屋不塌"，它生动地说明了这种木构架的特点。

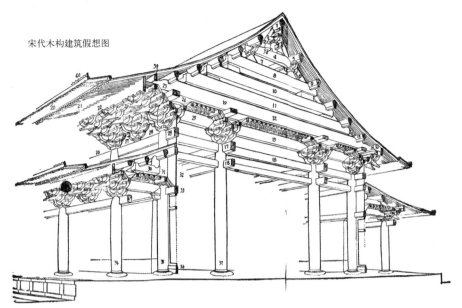

宋代木构建筑假想图

1—脊槫；2—叉手；3—顺脊串；4—平梁；5—上平槫；6—托脚；7—驼峰；8—四椽栿；9—中平槫；10—六椽栿；11—八椽栿；12—十椽栿；13—下平槫；14—牛脊槫；15—月梁（六椽栿）；16—顺栿串；17—屋内额；18—由额；19—压槽枋；20—飞子；21—檐椽；22—撩檐枋；23—遮椽板；24—平棋枋（算桯枋）；25—乳栿（月梁）；26—柱头铺作；27—补间铺作；28—拱眼壁；29—阑额；30—劄牵；31—平闇；32—照壁板；33—门额；34—副阶檐柱；35—殿身檐柱；36—地栿；37—殿身内柱；38—台楷；39—承椽枋；40—燕颔板

图 1—64　宋《营造法式》厅堂大木作示意

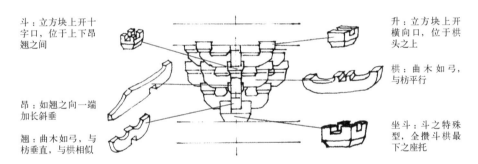

斗：立方块上开十字口，位于上下昂翘之间

升：立方块上开横向口，位于拱头之上

棋：曲木如弓，与枋平行

昂：如翘之向一端加长斜垂

翘：曲木如弓，与枋垂直，与棋相似

坐斗：斗之特殊型，全攒斗栱最下之座托

斗栱由方形的斗、升，矩形的棋组成，一组斗栱称作一朵（宋）或一攒（清）。斗栱不仅在结构和装饰方面起着重要作用，而且是衡量建筑及构件尺度的计量标准，还是封建社会森严等级制度中建筑等级的象征。

图 1—65　斗栱

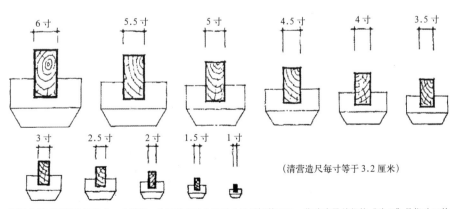

图示为清式建筑斗口的十一个等级。斗口是坐斗上承受承受昂翘的开口，作为度量单位的"斗口"是指斗口的宽度

（清营造尺每寸等于3.2厘米）

图 1—66　清代斗口等级

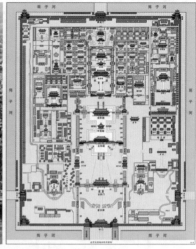

明清紫禁城平面图，严谨的中轴对称布局，沿着中轴线的重要建筑群形成一系列有节奏的院落空间。

3．建筑群体的特征

图 1—67　故宫

中国古代建筑如宫殿、庙宇、住宅等，一般都是由单个建筑物组成的群体。这种建筑群体的布局除了受地形条件的限制或特殊功能要求（如园林建筑）外，一般都有共同的组合原则，那就是以院子为中心，四面布置建筑物，每个建筑物的正面都面向院子，并在这一面设置门窗。

规模较大的建筑则是由若干个院子所组成。这种建筑群体一般都有显著的中轴线，在中轴线上布置主要建筑物，两侧的次要建筑多作对称的布置。个体建筑之间有的用廊子相连接，群体四周用围墙环绕。北京的故宫（图 1—67）、明十三陵都体现了这种群体组合的组合原则，显示了我国古代建筑在群体布局上的卓越成就。

4．建筑装饰及色彩的特征

中国古代建筑上的装饰细部大部分都是由梁枋、斗栱、檩椽等结构构件经过艺术加工而发挥其装饰作用的。我国古代建筑还综合运用了我国工艺美术以及绘画、雕刻、书法等方面的卓越成就，如额枋上的匾额、柱上的楹联、门窗上的棂格等，都是既丰富多彩、变化无穷，又具有我国浓厚的传统的民族风格。

彩画是我国建筑装饰中的一种重要类型，如图 1—68～图 1—70 所示，所谓"雕梁画栋"正是形容我国古代建筑的这一特色。明清时期最常用的彩画种类有和玺彩画、旋子彩画和苏式彩画。它们多做在檐下及室内的梁、

用于主要宫殿，以龙为主要题材，有金龙和玺、龙凤和玺、龙草和玺等。色彩主调，蓝绿相间，如明间上蓝下绿，次间则上绿下蓝，梢间再反过来。

图 1—68　和玺彩画

图 1—69　旋子彩画

图 1—70　苏式彩画

枋、斗栱、天花及柱头上。彩画的构图都密切结合构件本身的形式，色彩丰富，为我国古代建筑增添了无限光彩。

1.4.4　清式建筑做法名称

1. 平面

建筑物的平面形式一般都是长方形。度量长度的一面称面阔，短的一面称进深。四根柱子围成的面积称为间（图1—71），建筑物的大小就以间的大小和多少来决定。一般单体建筑有三间、五间，较大的建筑有七间、九间，有时做到十一间（图1—72）。

2. 木构架

清式建筑的木构架分为两类，有斗栱的称为大式，没有斗栱的称为小式。

1）柱

檐下最外一列柱子称为檐柱。檐柱以内的称为金柱。

山墙正中一直到屋脊的称为山柱。

在纵中线上，不在山墙内，上面顶着屋脊的是中柱。

立在梁上，下不着地，作用与柱相同的称为童柱，也称瓜柱（图1—73～图1—75）。

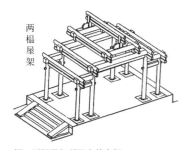

间：两榀屋架所围合的空间。

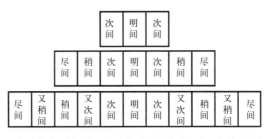

一般建筑有三间，即：所谓"一明两暗"的明间、次间。而王室和寺观等建筑，则可扩大至五间、七间、九间甚至十一间。

图1—71　间（左）

图1—72　建筑平面各间名称（右）

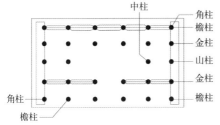

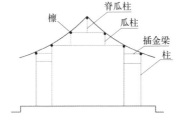

图1—73　各部位柱子名称

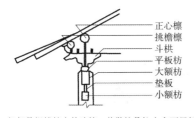

一般都是规模较大的建筑，其做法是柱上有两层额枋，大额枋的上皮与柱头平。檩有挑檐檩和正心檩，在正心檩与平板枋之间，大额枋与小额枋之间均有垫板，大额枋上放平板枋，平板枋上放斗栱。

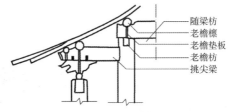

最外一列柱叫檐柱，后一列柱叫老檐柱，在檐柱与老檐柱之间加一短梁称为挑尖梁。它的作用是加强廊子的结构。这时在横梁下面往往还加一条随梁枋，也是为了加强间架的结构。

图1—74　有斗栱的大式做法（左）

图1—75　建筑带有廊子的做法（右）

间架是木构架的基本构成单位，间架由下而上的构成顺序及各部件名称见图1—76。

2）木构架做法

木构架因屋顶形式不同，其做法也有些变化，古代屋顶形式有庑殿顶、歇山顶、悬山顶、硬山顶、卷棚顶、半坡顶、盝顶等，见图1—77～图1—79。

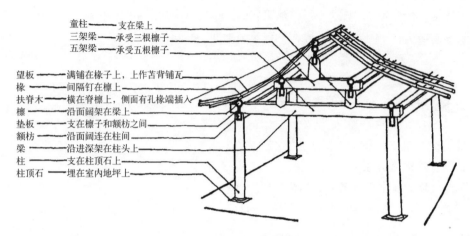

童柱——支在梁上
三架梁——承受三根檩子
五架梁——承受五根檩子
望板——满铺在椽子上，上作苫背铺瓦
椽——间隔钉在檩上
扶脊木——横在脊檩上，侧面有孔椽端插入
檩——沿面阔架在梁上
垫板——支在檩子和额枋之间
额枋——沿面阔连在柱间
梁——沿进深架在柱头上
柱——支在柱顶石上
柱顶石——埋在室内地坪上

图1—76　间架

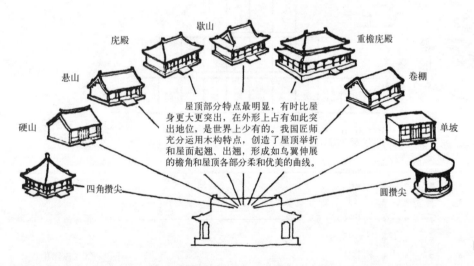

歇山

庑殿　重檐庑殿

悬山

硬山　卷棚

单坡

屋顶部特点最明显，有时比屋身更大更突出，在外形上占有如此突出地位，是世界上少有的。我国匠师充分运用木构特点，创造了屋顶举折和屋面起翘、出翘，形成如鸟翼伸展的檐角和屋顶各部分柔和优美的曲线。

四角攒尖　圆攒尖

图1—77　建筑屋顶做法

图1—78　太和殿——重檐庑殿顶（左）
图1—79　天安门城楼——重檐歇山顶（右）

1.5 西方建筑基本知识

1.5.1 西方古典建筑概述

古希腊文明是西方文化的发源，公元前 5 世纪左右，神庙类建筑代表了古希腊建筑的极高成就，是人类建筑文明中重要的瑰宝。古希腊人政治文化生活中，很多内容都在室外场所展开，十分重视建筑物外围的柱廊空间，古希腊时期发展出的三种柱式对后世影响极大，见图 1—80 ~ 图 1—84。

古罗马人继承了古希腊人的建筑成就，并在此基础上发展了拱券结构。发明了由天然火山灰和砂石、石灰构成的混凝土材料，极大地拓展了古罗马建筑的发展，这一时期建筑的代表作是罗马万神庙、卡瑞卡拉大浴场和斗兽场等，如图 1—85、图 1—86 所示。

中世纪，欧洲进入战乱时代，建筑发展缓慢，这一时期重要的建筑类型是城堡和教堂，其中拜占庭式、罗马风和哥特式建筑是这一时期建筑的代表（图 1—87、图 1—88）。

多立克柱式：
无柱础
短厚柱头
无装饰
长凹槽
柱身是柱头直径的 4 ~ 6 倍
线条刚劲、坚强有力
象征男性

爱奥尼柱式：
柱头涡卷
有装饰
有基座
上方檐部轻巧
线条柔美、纤细秀丽
象征女性

科林斯柱式：
柱头结合了多立克和爱奥尼的特征
忍冬草叶装饰
装饰精细
比例更纤细
有柱础

图 1—80 三种柱式（一）
（左）
图 1—81 三种柱式（二）
（右）

图1-82 帕提农神庙——多立克柱式

图1-83 胜利女神庙——爱奥尼柱式

图1-84 宙斯神庙——科林斯柱式

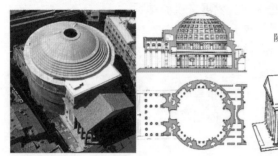

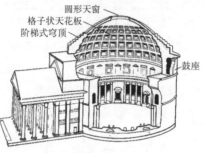

圆形天窗
格子状天花板
阶梯式穹顶
鼓座

集中式形制，罗马穹顶技术的最高代表，穹顶直径达43.3m，顶高也是43.3m，中央圆洞直径8.9m。穹顶的做法：先用砖沿球面砌几个大发券，然后分段浇筑混凝土，这样可防止混凝土在凝结前下滑，并避免混凝土收缩时出现裂缝，为减轻穹顶重量，越往上越薄，并在穹顶内面做五圈深的凹格，每圈28个，混凝土用浮石作骨料。第三层包住穹顶的下部，故穹顶没有完整地表现出来，这是为了：①减少穹顶侧推力的影响；②体形较匀称；③当时还无处理饱满的穹顶的艺术经验，也无此审美习惯。

图1-85 万神庙

结构、功能、形式的统一。
立面处理：分四层，下三层各80间券柱式，第四层是石墙，立面上下分主次，由于券柱式的虚实、明暗、方圆对比很丰富，叠柱式水平划分更加强了效果和整体感。
座位分区：共分五区，前一区为荣誉席，最后两区是下层群众席位。中间是骑士等地位比较高的公民席位。

图1-86 古罗马大角斗场

始建于1063年，位于意大利比萨，西欧封建社会初期典型的罗马风建筑，教堂平面呈长方的拉丁十字形，长95m，纵向四排68根科林斯式圆柱。纵深的中堂与宽阔的耳堂相交处为一椭圆形拱顶覆盖，中堂用轻巧的列柱支撑着木架结构屋顶。

图1-87 比萨大教堂

法国早期哥特式的典型实例。结构用柱墩承重，并用尖券、拱顶、飞扶壁等，其正面是一对高 60 余米的塔楼，粗壮的墩子把立面纵分三段，两条水平向的雕饰又把三段连接，正中是玫瑰窗，到处可见的垂直线条等装饰都是哥特建筑的特色。

15 世纪，从意大利开始的文艺复兴将欧洲建筑发展推进到一个新的时期（图 1-89），人们重新发现并重视古典的柱式，并将其更加人性化地使用在建筑之中，建筑开始越来越尊重人的价值和尊严。这一时期出现了很多著名的建筑师，如帕拉第奥等。

在 16 ~ 17 世纪之间，西方出现了巴洛克建筑（图 1-90），它突破界线和传统，追求华丽。在 1671 年，法国巴黎成立了皇家建筑学院，它是世界上第一所较为完善的建筑学院，对后世的建筑学教育产生了深远影响。其后，欧洲的复古浪潮中还出现了古典主义建筑，其中的代表作是法国的卢佛尔宫（图 1-91）。

图 1-88 巴黎圣母院

文艺复兴的第一个标志性建筑，被称为文艺复兴的报春花，其穹顶直径 42.2m，在当时居世界第一，是世界第四大教堂，意大利第二大教堂，能容纳 1.5 万人同时礼拜，教堂建筑群由大教堂、钟塔与洗礼堂构成。该教堂是 13 世纪末行会从贵族手中夺取政权后，作为共和政体的纪念碑而建造的。主教堂形制很有独创性，虽然大体还是拉丁十字式的，但突破了教会的禁制，把东部歌坛设计成近似集中式的，预计用穹顶。15 世纪初，布鲁乃列斯基着手设计穹顶。

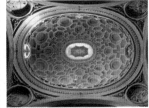

巴洛克建筑的代表作，由波洛米尼（Francesco Borromini）设计。波浪起伏的立面充满了巴洛克式的灵活与自由。

图 1-89 意大利佛罗伦萨主教堂（圣母百花大教堂）（左）

图 1-90 罗马的四泉圣卡罗教堂（右）

图 1-91 巴黎卢佛尔宫——法国古典主义的代表作

18 世纪开始,随着工业革命的进行,各种科学艺术得到了突飞猛进的发展,建筑也进入到一场伟大的革命之中。

1.5.2 西方现代建筑概述

工业革命带来了社会各个领域深刻的变化,1851 年,英国出现了一个震惊世界的建筑,就是为博览会而建造的水晶宫,钢结构与玻璃的结合呈现出一种与传统西方古典建筑完全不同的面貌,它预示着现代建筑即将诞生。在 1889 年完工的法国埃菲尔铁塔(图 1-92)则成为另外一个标志性的建筑。

随着工业的飞速发展和城市的扩张,以及银行、商场、港口等各种全新建筑形式的出现,越来越多的建筑师意识到,把各种功能塞入一个古典建筑形式中是多么的没有意义,美国建筑师沙利文提出了"形式追随功能"的口号,以功能设计为根本原则进行建筑设计实践,从根本上推动了近现代建筑的进步。

19 世纪中叶开始,各种新材料、新技术、新结构的产生,为现代建筑展开了一幅波澜壮阔的画面,建筑形式不断翻新,建筑规模化的工业生产也逐渐普及。20 世纪 20 年代开始,"现代主义"建筑思潮逐渐形成,现代主义建筑师们批判因循守旧的复古主义思想,主张建筑要摆脱历史古典主义建筑风格的束缚,应跟随时代一起变化并努力创造工业时代的建筑新风格,主张重视建筑的实用功能,主张建筑师应该关心社会和经济问题。

1889 年建成,当年建成后的埃菲尔铁塔还曾是世界上最高的建筑物,得名于设计它的著名建筑师、结构工程师古斯塔夫·埃菲尔,高 300m,天线高 24m,总高 324m,除了四个脚是用钢筋水泥之外,全身都用钢铁构成,共用去熟铁 7300t。

图 1-92 埃菲尔铁塔

这其中有四位具有代表性的建筑师，他们是格罗皮乌斯、密斯·凡·德·罗、勒·柯布西耶、赖特（图1-93～图1-97）。

在现代主义潮流中，有一个与其他现代建筑风格迥异的建筑流派，其所有的建筑灵感和形式都来源于大自然，仿效大自然，建筑师把自己的手和脑比作大自然建造世间生灵万物一样的工具，通过浪漫主义的幻想营造了许多异于常规的建筑形态，这位建筑师就是安东尼奥·高迪，他的作品开创了全新的仿生主义风格（图1-98）。

芝加哥C.P.S.百货公司大厦由著名建筑师、芝加哥学派的中坚人物L.H.沙利文设计。在社会经济和技术发生变化的时刻，他主张适应新的条件，创造新建筑。自芝加哥C.P.S.百货公司大厦问世以后，因采用框架结构而诞生的横向扁平窗成为风靡一时的新形式，被人们赠以"芝加哥窗"的美名。

图1-93　芝加哥C.P.S.百货公司大楼与L.H.沙利文

格罗皮乌斯(Walter Gropius)和他设计的德国包豪斯(Bauhaus)工业学校。格罗皮乌斯是现代建筑革命的奠基人之一，1937年后旅居美国。包豪斯学校努力培养新型建筑人才，格罗皮乌斯曾任其校长。包豪斯校舍注重功能设计，平面布局自由灵活，充分利用了当时的新材料与新结构，是现代建筑史上一个重要的里程碑。

图1-94　格罗皮乌斯与包豪斯校舍

巴塞罗那世界博览会德国馆(Barcelona Pavilion)。密斯是现代建筑运动的重要代表人物，提出了"少就是多(Less Is More)"的建筑艺术处理原则，注重用新材料和新技术表达建筑，提倡精确完美，在建筑空间处理上提倡空间的流动性。巴塞罗那世博会德国馆采用灵活开敞的建筑布局，创造了平顶覆盖下自由平面的纯净空间，对后世产生了重要的影响。

图1-95　密斯·凡·德·罗与巴塞罗那德国馆

勒·柯布西耶设计的"萨伏伊别墅"是其提出的"新建筑五点"的最佳示范：1.底层架空；2.屋顶花园；3.自由平面；4.横向长窗；5.自由立面。

图1-96　勒·柯布西耶与萨伏伊别墅

勒·柯布西耶设计，底层架空，支柱上粗下细，不做粉刷，粗犷有力，是野性主义倾向的代表作。

图 1-97 马赛公寓

米拉公寓，骨头状柱子，海浪的墙面分隔线，整个建筑没有一条直线。

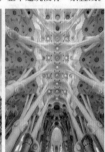

圣家族大教堂，始建于 1882 年，高迪于 1883 年接手主持工程，融合仿生主义建筑与哥特式建筑风格进行了建设，直至 73 岁（1926 年）去世时，教堂仅完工了不到四分之一。

图 1-98 安东尼奥·高迪及其代表作

　　但是现代建筑发展到 20 世纪 50～60 年代，由于战争后期城市重建的迫切需要，现代建筑在世界范围内被不假思索地应用，这造成了建筑千篇一律的"国际式"面孔，建筑师开始针对现代建筑进行反思和批判，建筑的本土人文特征、建筑风格与流派呈现出多元化趋势，出现了野性主义倾向、典雅主义倾向（图 1-99）、高技派倾向（图 1-100）、讲究"人情化"与地方性倾向和浪漫主义倾向等多种发展趋势。20 世纪 70 年代开始，出现了"后现代主义"建筑（图 1-101、图 1-102），提出现代主义已经过时的观点，实际上后现代主义的本质是对于现代主义的一种修正和调整，后现代建筑师在尊重历史文化的名义下重新提倡折中主义，追求建筑艺术的复杂性和矛盾性，这个时期具有代表性的建筑师有文丘里、约翰逊等。

　　20 世纪 80 年代后期，西方建筑舞台上出现了一种新思潮——"解构主义"，它不同于"结构是确定的统一整体"的结构主义，而是采用歪扭、错位、变形的手法，使建筑物显得偶然、无序、奇险、松散，造成似乎已经失稳的态势。

雅马萨奇（山崎实），日
裔美籍建筑师。普林斯顿
威尔逊公共学院，简洁的
体形再现了古典主义建筑
的典雅与端庄，是典雅主
义倾向的代表作。

图 1-99　雅马萨奇（山
崎实）与普林斯顿
威尔逊公共学院

伦佐·皮亚诺　　　理查德·罗杰斯

整个建筑钢结构的结构体系与构件全部暴露，各种
管道设备悬挂在建筑外部，体现了机器美学，是高
技派倾向的代表作。因这座现代化的建筑外观极像
一座工厂，故又有"炼油厂"和"文化工厂"之称。

图 1-100　乔治·蓬皮
杜国家艺术文化中心

文丘里为他的母亲设计的
私人住宅，由于是为自己
家人设计的房子，文丘里
大胆地作了理论上的探
讨，成为《建筑的复杂性
与矛盾性》著作的生动写
照。通过将古典的山墙形
式、几何形构件进行扭曲、
断裂、歪斜等，达到了"古
典而不纯粹"的效果。

图 1-101　罗伯特·文
丘里与栗子山母亲
住宅

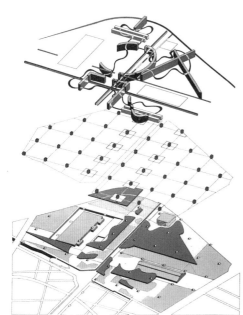

采用解析的方法，提取出点、线、面三个体系，并
进一步演变成直线和曲线的形式，叠加组合成拉维
莱特公园的布局结构，组合的原则却不再遵循传统
的均衡与稳定，更加强调因地制宜和随机性。

图 1-102　伯纳德·屈
米与屈米公园

实际上解构主义在建筑处理上所涉及的基本上只是形式问题,被"解"之"构",非工程结构之"构",而是建筑构图之"构"。

　　两百多年的时间在建筑历史上只是一个短暂的阶段,许多建筑师为了适应资本主义的社会需求,突破了古典学院派的束缚,从建筑的功能、技术、艺术等各个方面进行了许多探讨和实践,形成并发展了现代建筑自己的体系。但是,现代建筑的发展是十分复杂和曲折的,过去是如此,今后也将如此,特别是有关建筑理论的问题,如:建筑的内容与形式的关系问题,如何认识建筑功能和结构技术在建筑的发展中所起作用的问题等都曾有过激烈的争论。关于建筑装饰的问题,以及如何对待建筑的传统和地方特色等问题也在重新进行讨论。建筑的环境、生态、节能等作为新课题正在受到重视。"建筑初步"课程只是对现代主义建筑作出最粗浅的介绍,所有这些内容,学生还将在以后专门课程的学习中得到进一步的了解及深化。

2

建筑识图与表现

　　知识提要: 本章主要介绍《房屋建筑制图统一标准》GB/T 50001—2017 的基本内容,即图纸幅面、图线、文字、比例、尺寸标注;手工绘制的常用工具与仪器的使用方法和维护方法;绘图的方法与步骤;建筑手绘图的表达;经典建筑案例的解析;建筑单体测绘的内容、步骤与方法。

　　学习目标: 通过本章的学习,帮助初学者初步掌握建筑表达的基本内容及绘图技巧,掌握建筑单体测绘的工作内容和方法,培养学生绘图、读图及方案赏析的基本能力。并通过实践,培养一定的空间思维能力、空间分析能力、空间几何问题的图解能力、建筑手绘表达能力和建筑单体测绘能力。通过学习经典建筑设计案例对当代建筑设计创作的影响,理解建筑专业所涉及的广阔领域,激发学习热情与兴趣,为后续专业课程的学习打好基础。

2.1 建筑表现基本技能

为了使房屋建筑制图规格基本统一，图面清晰简明，提高制图效率，保证图面质量，符合设计、施工、存档的要求，以适应我国工程建设的需要，由我国住房和城乡建设部组织有关部门，共同修订和发布了有关建筑制图的六项国家标准：《房屋建筑制图统一标准》GB/T 50001—2010、《总图制图标准》GB/T 50103—2010、《建筑制图标准》GB/T 50104—2010、《建筑结构制图标准》GB/T 50105—2010、《建筑给水排水制图标准》GB/T 50106—2010 和《暖通空调制图标准》GB/T 50114—2010，自 2011 年 3 月 1 日起施行。

制图标准的基本内容包括对图幅、字体、图线、比例、尺寸标注、专用符号、代号、图例、图样画法等内容的规定。六项建筑制图国家标准是所有土建工程人员在设计、施工、管理中必须严格执行的国家规范标准。我们从学习建筑制图的第一天起，就应该严格地遵守国标中每一项规定，养成遵守国家规范标准的职业素养。

2.1.1 图幅、图标及会签栏

图幅即指图纸幅面，指图纸的大小规格。为了便于图纸的装订、查阅和保存，满足图纸现代化管理的要求，图纸的大小规格应力求统一。其基本规格分为 5 种，建筑工程图纸的幅面及图框尺寸应符合中华人民共和国国家标准《房屋建筑制图统一标准》GB/T 50001—2010 的规定，见表 2—1。图框是图纸上所供绘图范围的边线，图框线与图幅的距离由尺寸代号 c、a 表示，其中"a"代表装订边图框线与图幅的间距，"c"代表其余三边图框与图幅之间的距离。

幅面及图框尺寸（mm）   表2—1

幅面代号 尺寸代号	A0	A1	A2	A3	A4
$b \times l$	841×1189	594×841	420×594	297×420	210×297
c		10		5	
a			25		

图幅分横式和立式两种，如图 2—1 所示。从图 2—1 中可以看出，A1 幅面是 A0 幅面的对折，A2 幅面是 A1 幅面的对折，其余类推，上一号图幅的短边，即是下一号图幅的长边。

图纸的标题栏（简称图标）和装订边的位置应按图 2—2 所示布置。

建筑工程专业所用的图纸应整齐统一，选用图幅时宜以一种规格为主，尽量避免大小图幅掺杂使用。一般不宜多于两种幅面，目录及表格所采用的 A4 幅

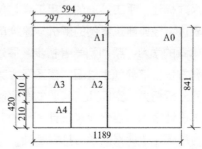

图 2—1　五种幅面的图纸相互之间的比例关系

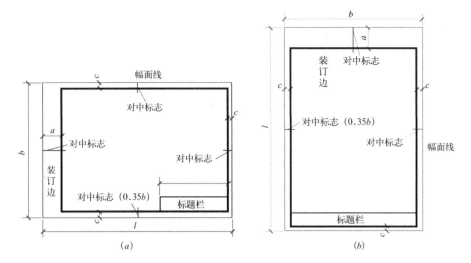

图 2-2 图幅格式
(a) A0 ~ A3 横式幅面；
(b) A0 ~ A3 立式幅面

面，可不在此限。

在特殊情况下，允许 A0 ~ A3 号图幅按表 2-2 的规定加长图纸的长边，但图纸的短边不得加长。

图纸长边加长尺寸   表2-2

幅面代号	长边尺寸 (mm)	长边加长后尺寸 (mm)			
A0	1189	1486 (A0+1/4l) 1635 (A0+3/8l) 1783 (A0+1/2l) 1932 (A0+5/8l) 2080 (A0+3/4l) 2230 (A0+7/8l) 2378 (A0+1l)			
A1	841	1051 (A1+1/4l) 1261 (A1+1/2l) 1471 (A1+3/4l) 1682 (A1+1l) 1892 (A1+5/4l) 2102 (A1+3/2l)			
A2	594	743 (A2+1/4l) 891 (A2+1/2l) 1041 (A2+3/4l) 1189 (A2+1l) 1338 (A2+5/4l) 1486 (A2+3/2l) 1635 (A2+7/4l) 1783 (A2+2l) 1932 (A2+9/4l) 2080 (A2+5/2l)			
A3	420	630 (A3+1/2l) 841 (A3+1l) 1051 (A3+3/2l) 1261 (A3+2l) 1471 (A3+5/2l) 1682 (A3+3l) 1892 (A3+7/2l)			

注：有特殊需要的图纸，可采用 $b \times l$ 为841mm×891mm与1189mm×1261mm的幅面。

2.1.2 图线

画在图纸上的线条统称图线，建筑工程图中的内容，必须采用不同的线型、不同的线宽来表示，任何建筑图样都是用图线绘制成的，因此，熟悉图线的类型及用途，掌握各类图线的画法是建筑制图最基本的技能。

为了使图样清楚、明确，建筑制图采用的图线分为实线、虚线、单点长画线、双点长画线、折断线和波浪线六类，其中前四类线型按宽度不同又分为粗、中粗、中、细四种，后两类线型一般均为细线。各类图线的规格及用途见表 2-3。

图线的宽度，宜从 1.4、1.0、0.7、0.5、0.35、0.25、0.18、0.13mm 线宽系列中选取。图线宽不应小于 0.1mm。每个图样应根据复杂程度与比例大小先选定基本线宽 b，再按表 2-4 确定相应的线宽组。在同一张图纸中，相同比例的各图样应选用相同的线宽组。虚线、单点长画线及双点长画线的线段长度和间隔，应根据图样的复杂程度和图线的长短来确定，但宜各自相等，表2-3中所示线段的长度和间隔尺寸可作参考。当图样较小，用单点长画线和双点长画线绘图有困难时，可用实线代替。

线型　　　　　　　　　　　　　表2-3

名称		线型	线宽	一般用途
实线	粗	————————	b	主要可见轮廓线
	中粗	————————	$0.7b$	可见轮廓线
	中	————————	$0.5b$	可见轮廓线
	细	————————	$0.25b$	可见轮廓线、图例线等
虚线	粗	3~6 ≤1 - - - - - -	b	见各有关专业制图标准
	中粗	- - - - - - -	$0.7b$	不可见轮廓线
	中	- - - - - - -	$0.5b$	不可见轮廓线、图例线等
	细	- - - - - - -	$0.25b$	不可见轮廓线、图例线等
单点长画线	粗	≤3 15~20 —·—·—	b	见各有关专业制图标准
	中	—·—·—·—	$0.5b$	见各有关专业制图标准
	细	—·—·—·—	$0.25b$	中心线、对称线等
双点长画线	粗	5 15~20 —··—··—	b	见各有关专业制图标准
	中	—··—··—	$0.5b$	见各有关专业制图标准
	细	—··—··—	$0.25b$	假想轮廓线、成型前原始轮廓线
折断线		—∿—	$0.25b$	断开界线
波浪线		∿∿∿	$0.25b$	断开界线

线宽组　　　　　　　　　　　　　表2-4

线宽比	线宽组 (mm)			
b	1.4	1.0	0.7	0.5
$0.7b$	1.0	0.7	0.5	0.35
$0.5b$	0.7	0.5	0.35	0.25
$0.25b$	0.35	0.25	0.18	0.13

注：1.需要缩微的图纸，不宜采用0.18mm及更细的线宽。
　　2.同一张图纸内，各不同线宽中的细线，可统一采用较细的线宽组的细线。

图纸的图框线和标题栏线的宽度可按表2-5确定。

图框线、标题栏线的宽度　　　　　　　　　　表2-5

幅面代号	图框线宽度 (mm)	标题栏外框线宽度 (mm)	标题栏分格线、会签栏线宽度 (mm)
A0、A1	b	$0.5b$	$0.25b$
A2、A3、A4	b	$0.7b$	$0.35b$

2.1.3 建筑工程字体

图纸上书写的文字、数字或符号等均应笔画清晰、字体端正、排列整齐；标点符号应清楚正确。如果字迹潦草，难于辨认，则容易发生误解，甚至造成工程事故。

图纸及说明中的汉字，大标题、图册封面、地形图等的汉字都应写成长仿宋字（矢量字体或黑体），汉字的简化写法必须遵照国务院公布的《汉字简化方案》和有关规定。

1. 长仿宋字体

1）字体格式

为了使字大小一致，排列整齐，书写前应用铅笔淡淡地打好字格，然后进行书写。字格高宽比例一般为 3：2。为了使字行清晰，行距应大于字距，通常字距约为字高的 1/4，行距约为字高的 1/3，如图 2-3 所示。

字的大小用字号来表示，字的号数即字的高度，长仿宋字体的高度与宽度的关系见表 2-6。

字号					表2-6
字号	20	14	10	7	5	3.5
字高（mm）	20	14	10	7	5	3.5
字宽（mm）	14	10	7	5	3.5	2.5

图纸中常用的为 10、7、5 三种字号。如需要书写更大的字，其高度应按 $\sqrt{2}$ 的比值递增。汉字的高不应小于 3.5mm。

2）字体笔画

长仿宋字体，如图 2-4 所示，有如下特点：

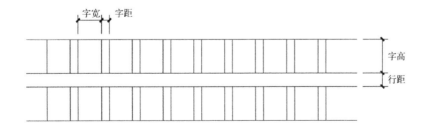

图 2-3 字格

图 2-4 长仿宋字体示例

（1）横平竖直：横笔基本要平，可稍微向右上倾斜一点。竖笔要直。笔画要刚劲有力。

（2）起落分明：横、竖的起笔和收笔，撇的起笔，钩的转角等，都要顿一下笔，形成小三角。几种基本笔画的写法见表2—7。

长仿宋字基本笔画 表2—7

名称	横	竖	撇	捺	挑	点	钩
形状	一	∣	ノ	╲	╱	八	刀乚
笔法	一	∣	ノ	╲	╱	八	刀乚

（3）笔锋满格：上、下、左、右笔锋要尽可能靠近字格。但也有例外，如日、口等字，都要比字格略小。

（4）布局均匀：笔画布局要均匀紧凑，并注意下列各点：

①字形基本对称的应保持其对称，如图2—4中的土、木、平、面、金等。

②有一竖笔居中的应保持该笔画竖直而居中，如图2—4中的上、正、水、车、审等。

③有三四横竖笔画的要大致平行等距，如图2—4中的三、曲、垂、直、量等。

④要注意偏旁所占的比例，有约占一半的，如图2—4中的比、料、机、部、轴等；有约占1/3的，如混、梯、钢、墙等；有约占1/4的，如凝。

⑤左右要组合紧凑，尽量少留空白，如图中的以、砌、设、动、泥等。

初学写长仿宋字时，可采用长仿宋体练习的格子本来书写。平时应多看、多摹、多写、多对比，常练习持之以恒，自然熟能生巧。

2．拉丁字母和数字

拉丁字母和数字可分为直体字（竖笔竖直）和斜体字（竖笔与水平线成75°）两种。拉丁字母、数字和少数希腊字母，如图2—5所示。字的高度与宽度应与相应的直体字相等。当数字与汉字同行书写时，其大小应比汉字小一号，并宜写直体。

2.1.4 工具线条图

1．工具线条图的常用工具

常用绘图工具及使用方法如图2—6～图2—15所示。

图2—5 拉丁字母、阿拉伯数字及罗马数字示例

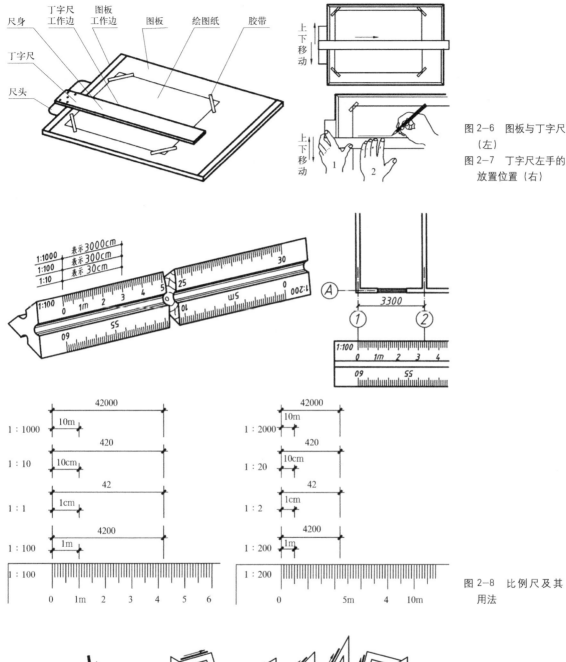

尺身　丁字尺　图板　图板　绘图纸　胶带
工作边　工作边

丁字尺

尺头

上下移动

上下移动

图 2-6　图板与丁字尺
（左）

图 2-7　丁字尺左手的
放置位置（右）

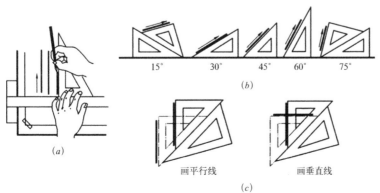

图 2-8　比例尺及其
用法

图 2-9　三角板与丁字
尺配合画各种不同
角度的倾斜线

（a）用三角板配合丁字尺
画铅垂线；
（b）三角板与丁字尺配合
画各种角度的斜线；
（c）画任意直线的平行线
和垂直线

画平行线　　画垂直线

（c）

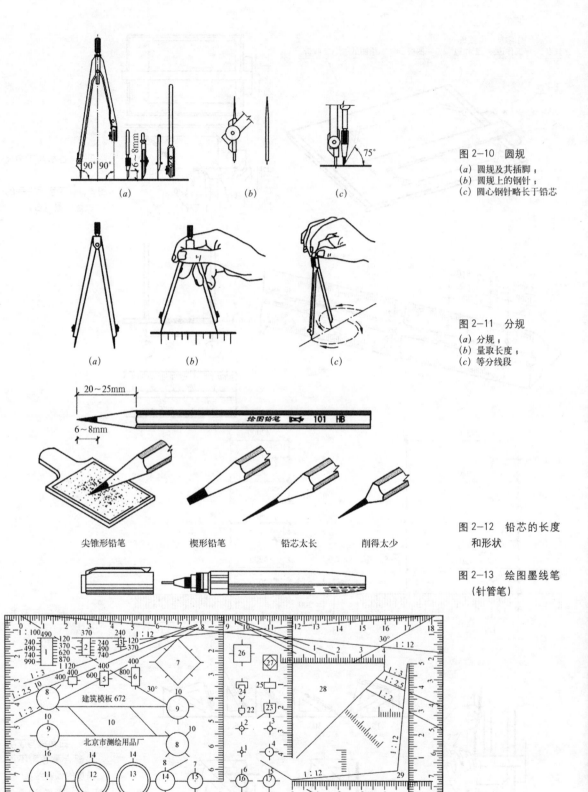

图 2—10　圆规
(a) 圆规及其插脚；
(b) 圆规上的钢针；
(c) 圆心钢针略长于铅芯

图 2—11　分规
(a) 分规；
(b) 量取长度；
(c) 等分线段

尖锥形铅笔　　楔形铅笔　　铅芯太长　　削得太少

图 2—12　铅芯的长度和形状

图 2—13　绘图墨线笔（针管笔）

图 2—14　建筑模板

使用绘图工具工整地绘制出来的
图样称为工具线条图，它可以分为铅
笔线条图和墨线线条图两种，主要是
根据所使用的工具不同来区分的。

工具线条图的常用工具有绘图板、
丁字尺、三角板、图纸、2H～2B铅笔、
针管笔、鸭嘴笔、比例尺、曲线板、模板、
量角器、圆规、墨水、擦图片、图钉、刷子、橡皮、双面胶、胶带纸等。

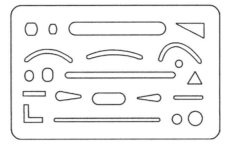

图 2-15　擦图片

2. 工具铅笔线条图的绘制方法与注意事项

工具铅笔线条图是所有建筑画的基础，熟练掌握铅笔线条有利于建筑画
的起稿和方案草图的绘制，也是建筑设计专业学生最早的线型练习。工具铅笔
线条图要求画面整洁、线条光滑、粗细均匀、交接清楚。它所构成的画面能给
人以简洁明快、自然流畅的感觉。

1）绘图铅笔（图 2-16）

工具铅笔线条图的使用工具是绘图铅笔。绘图铅笔以 H 和 B 划分硬、软度，
有 H～6H、HB、B～6B 等多种型号。硬度为 H 型的铅笔多用于制图，绘图则
根据需要分别采用 B～6B 型号，在建筑工程制图中常用的铅笔型号是 H、HB、B。

2）工具铅笔线条绘图图例（图 2-17）

3）工具墨线图的绘制方法与注意事项

（1）直线笔、针管笔

直线笔用墨汁或绘图墨水，色较浓，所绘制的线条较挺；针管笔用碳素
墨水，使用较方便，线条色较淡，如图 2-18 所示。直线笔又名鸭嘴笔，使用
时要保持笔尖内外侧无墨迹，以避免晕开；上墨水量要适中，过多易滴墨，过
少易使线条干湿不均匀。

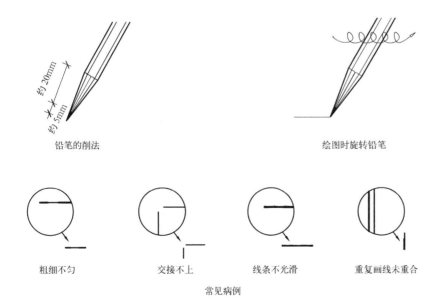

铅笔的削法　　　　　　　　　　绘图时旋转铅笔

粗细不匀　　　交接不上　　　线条不光滑　　　重复画线未重合

常见病例

图 2-16　工具铅笔线
条图的工具及使用
方法

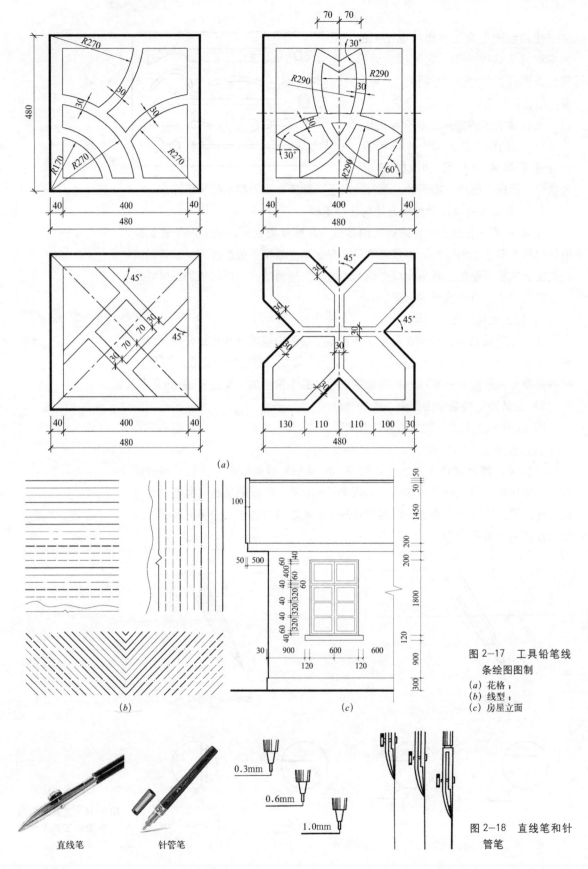

图 2-17 工具铅笔线
条绘图图制
(a) 花格；
(b) 线型；
(c) 房屋立面

图 2-18 直线笔和针
管笔

直线笔　　针管笔

图 2-19 工具墨线图
绘图——几何图形

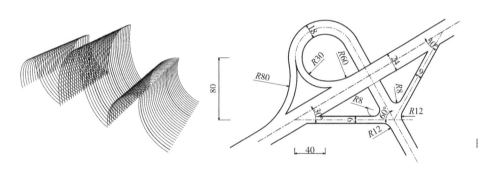

图 2-20 工具墨线图
绘图——直线与曲线

（2）工具墨线图绘图图例（图 2-19、图 2-20）

根据本节的教学内容及相关顺序，通过具体的手工操作训练，帮助学生初步掌握建筑绘画的表现方法，开拓设计思维，为今后的建筑设计专业学习奠定基础。掌握有效的绘图技巧，勤练、勤总结、勤思考是提高绘图水平的关键。

2.2 建筑工程图的表达

2.2.1 房屋的组成

虽然各种房屋的使用要求、空间组合、外形处理、结构形式和规模大小等各有不同，但基本上是由基础、墙、柱、楼面、屋面、门窗、楼梯以及台阶、散水、阳台、走廊、天沟、雨水管、勒脚、踢脚板等组成。如图 2-21、图 2-22所示。

基础起着承受和传递荷载的作用；屋顶、外墙、雨篷等起着隔热、保温、避风、遮雨的作用；屋面、天沟、雨水管、散水等起着排水的作用；台阶、门、走廊、楼梯起着沟通房屋内外、上下交通联系的作用；窗则主要用于采光和通

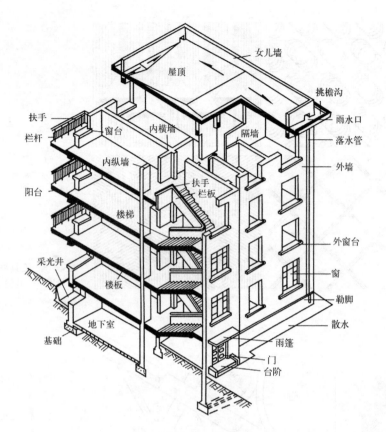

图 2-21 房屋的组成
（墙承重结构）

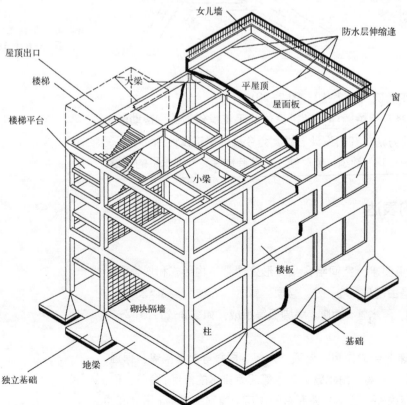

图 2-22 钢筋混凝土
框架结构建筑构造
组成

风；墙裙、勒脚、踢脚板等起着保护墙身的作用。

2.2.2　房屋建筑施工图的分类

在工程建设中，首先要进行规划、设计并绘成图，然后照图施工。

遵照建筑制图标准和建筑专业的习惯画法绘制建筑物的多面正投影图，并注写尺寸和文字说明的图样，叫建筑图。

建筑图包括建筑物的方案图、初步设计图（简称初设图）和扩大初步设计图（简称扩初图）以及施工图。

施工图根据其内容和专业工种的不同，分为以下三种：

（1）建筑施工图（简称建施图）。主要用来表示建筑物的规划位置、外部造型、内部房间的布置、内外装修、构造及施工要求等。它的内容主要包括施工图首页、总平面图、各层平面图、立面图、剖面图及详图。

（2）结构施工图（简称结施图）。主要表示建筑物承重结构的结构类型、结构布置、构件种类、数量、大小及做法。它的内容包括结构设计说明、结构平面布置图及构件详图。

（3）设备施工图（简称设施图）。主要表示建筑物的给水排水、暖气通风、供电照明、燃气等设备的布置和施工要求等。它主要包括各种设备的布置图、系统图和详图等内容。

2.2.3　建筑工程图的表达及阅读

掌握建筑图纸各图样的表示方法；学习建筑图纸的阅读方法；通过对某一建筑的阅读学习，进一步了解和认识建筑，提高学生综合运用各种知识在图纸上表达建筑的能力。

1. 建筑施工图设计总说明

建筑施工图设计总说明有如下内容：

（1）图纸目录：包含采用的标准图集目录。

（2）工程室内外装修做法表：地面、内外墙面、顶棚、踢脚、屋面等做法及材料，包含面层装饰材料、防水、保温节能材料。

（3）工程概况：包括工程名称、建筑使用功能、建筑面积、层数、总高、结构形式、合理使用年限、耐火等级、屋面和地下室防水等级。

（4）门窗统计表：门窗的种类、高度、宽度、数量。

2. 建筑平、立、剖面图

1）建筑总平面

（1）总平面图的用途

在画有等高线或坐标方格网的地形图上，加画上新设计的乃至将来拟建的房屋、道路、绿化（必要时还可以画出各种设备管线布置以及地表水排放情况）并表明建筑基地方位及风向图样，便是总平面图，如图 2—23 所示。

总平面图是用来表示整个建筑基地的总体布局，包括新建房屋的位置、朝向以及周围环境（如原有建筑物、交通道路、绿化、地形、风向等）的情况。
总平面图是新建房屋定位、放线以及布置施工现场的依据。

（2）总平面图的比例

由于总平面图包括地区较大，中华人民共和国国家标准《总图制图标准》
GB/T 50103—2010规定：总平面图的比例应用1：500、1：1000、1：2000来

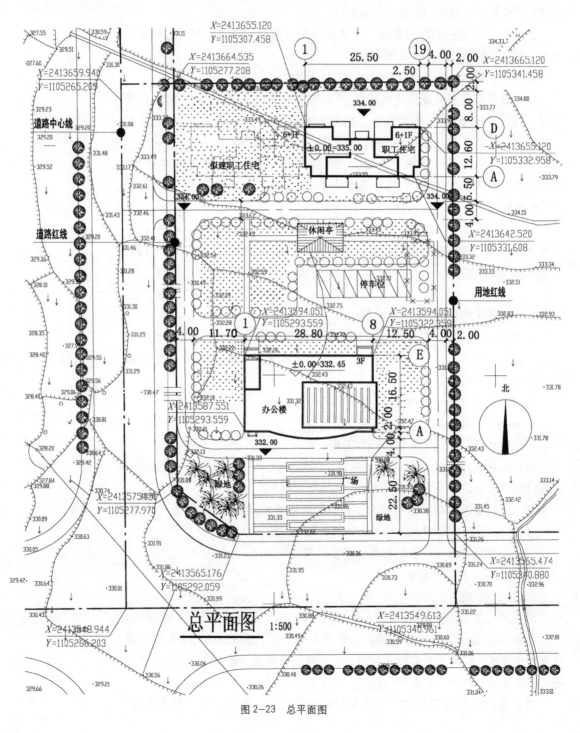

图2-23　总平面图

绘制。实际工程中，由于国土局以及有关单位提供的地形图常为1：500的比例，故总平面图常用1：500的比例绘制。

（3）总平面的图例

由于总平面图的比例较小，故平面图上的房屋、道路、桥梁、绿化等都用图例表示。表2—8列出的为《总图制图标准》GB/T 50103—2010规定的总图图例（以图形规定的画法称为图例）。在较复杂的总平面图中，如用了《总图制图标准》GB/T 50103—2010上没有的图例，应在图纸适当位置加以说明。总平面图常画在有等高线和坐标网格的地形图上，地形图上的坐标称为测量坐标，是用与地形图相同比例画出的50m×50m或100m×100m的方格网。此方格网竖轴用X表示，横轴用Y表示。一般房屋的定位应标注其三个角的坐标，如果建筑物、构筑物的外墙与坐标轴线平行，可标注其对角坐标。

建筑总平面图常用图例 表2—8

序号	名称	图例	说明
1	新建的建筑物	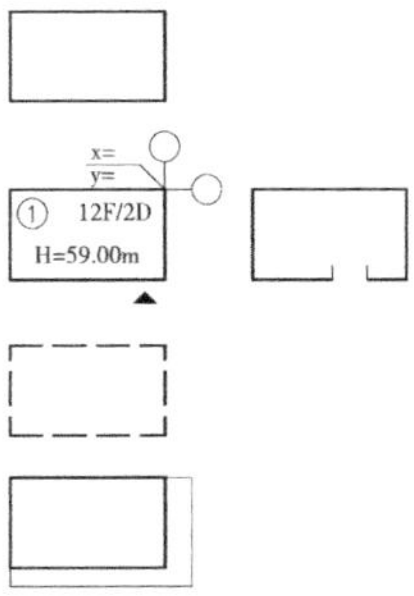 ①12F/2D H=59.00m X= Y=	新建建筑物以粗实线表示与室外地坪相接处±0.00外墙定位轮廓线 建筑物一般以±0.00高度处的外墙定位轴线交叉点坐标点定位，轴线用细实线表示，并标明轴线编号 根据不同设计阶段标注建筑编号，地上、地下层数，建筑高度，建筑出入口位置（两种表示方法均可，但同一图纸采用一种表示方法） 地下建筑物以粗虚线表示其轮廓 建筑上部（±0.00以上）外挑建筑以细实线表示 建筑物上部连廊用细虚线表示并标注位置
2	原有的建筑物		用细实线表示
3	计划扩建的预留地或建筑物（拟建的建筑物）		用中粗虚线表示
4	拆除的建筑物	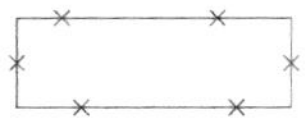	用细实线表示
5	建筑物下面的通道	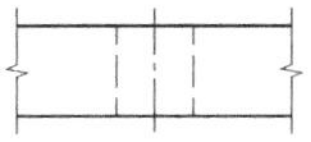	—
6	散状材料露天堆场	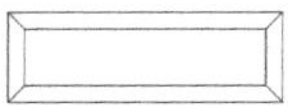	需要时可注明材料名称
7	其他材料露天堆场或露天作业场	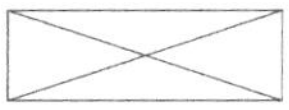	需要时可注明材料名称
8	铺砌场地	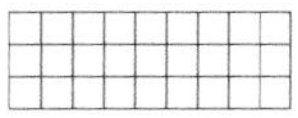	—

序号	名称	图例	说明
9	烟囱		实线为烟囱下部直径,虚线为基础,必要时可注写烟囱高度和上、下口直径
10	台阶及无障碍坡道	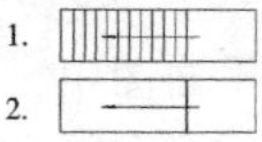 1. 2.	1.表示台阶(级数仅为示意) 2.表示无障碍坡道
11	围墙及大门	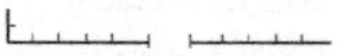	—
12	挡土墙	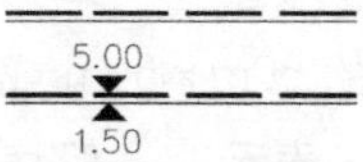 5.00 1.50	挡土墙根据不同设计阶段的需要标注 墙顶标高 墙低标高
13	挡土墙上设围墙		—
14	坐标	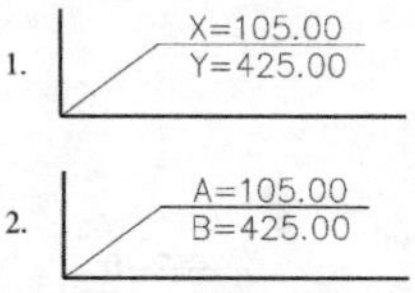 1. X=105.00 Y=425.00 2. A=105.00 B=425.00	1.表示地形测量坐标系 2.表示自设坐标系 坐标数字平行于建筑标注
15	填挖边坡	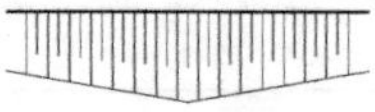	—
16	雨水口	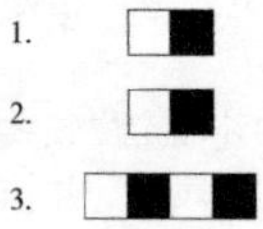 1. 2. 3.	1.雨水口 2.原有雨水口 3.双落式雨水口
17	消火栓井		—
18	室内标高	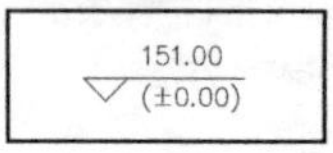 151.00 (±0.00)	数字平行于建筑物书写
19	室外标高	 143.00	室外标高也可采用等高线表示
20	地下车库入口	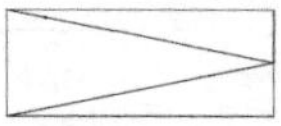	机动车停车场

新建房屋的朝向(对整个房屋而言,指主要出入口所在墙面所面对的方向;对一般房间而言,则指主要开窗面所面对的方向)与风向,可在图纸的适当位置绘制指北针或风向频率玫瑰图(简称"风玫瑰")来表示,风向频率玫瑰图在 8 个或 16 个方位线上用端点与中心的距离,代表当地这一风向在一年中发生的频率,粗实线表示全年风向,细虚线范围表示夏季风向。风向由各方位吹向中心,风向线最长者为主导风向,如图 2—24 所示。指北针应按中华人民共和国国家标准《房屋建筑制图统一标准》GB/T 50001—2017 的规定绘制,如图 2—25 所示,指北针方向为北向,圆用细实线,直径为 24mm,指针尾部宽 3mm,指针针尖处应注写"北"或"N"字。

2)建筑平面图

(1)建筑平面图的用途

建筑平面图是用以表达房屋建筑的平面形状,房间布置,内外交通联系,

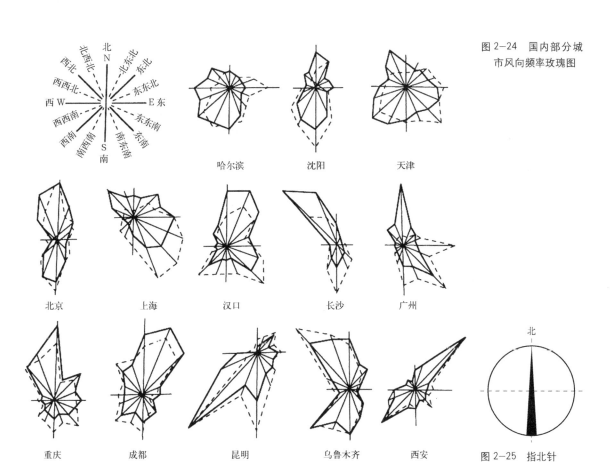

图 2-24　国内部分城市风向频率玫瑰图

哈尔滨　　沈阳　　天津

北京　　上海　　汉口　　长沙　　广州

重庆　　成都　　昆明　　乌鲁木齐　　西安

北

图 2-25　指北针

以及墙、柱、门窗等构配件的位置、尺寸、材料和做法等内容的图样。建筑平面图简称"平面图"。

平面图是建筑施工图的主要图样之一，是施工过程中，房屋的定位放线、砌墙、设备安装、装修及编制概预算、备料的重要依据。

（2）平面图的形成

平面图的形成通常是假想用一水平剖切平面，沿着房屋各层门窗洞口处将房屋切开，移去剖切平面以上部分，将余下部分用直接正投影法投影到 H 面上而得到的正投影图，即平面图实际上是剖切位置位于门窗洞口处的水平剖面图，如图 2-26 所示。

（3）面图的比例及图名

①比例

平面图用 1：50、1：100、1：200 的比例绘制，实际工程中常用 1：100 的比例绘制。

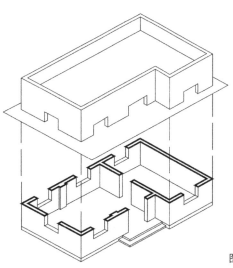

图 2-26　平面图的形成

②图名

一般情况下，房屋有几层就应画几个平面图，并在图的下方标注相应的图名，如"底层平面图""二层平面图"等。图名下方应加一条粗实线，图名右下方标注比例。当房屋中间若干层的平面布局、构造情况完全一致时，则可以用一个平面图来表达这相同布局的若干层，称为标准层平面图。

（4）平面图的图示内容

底层平面图应画出房屋本层相应的水平投影，以及与本栋房屋有关的台阶、花池、散水等的投影，如图 2-27 所示；二层平面图除画出房屋二层范围的投影内容之外，还应画出底层平面图无法表达的雨篷、阳台、窗楣等内容，而对于底层平面图上已表达清楚的台阶、花池、散水等内容就不再画出；三层以上的平面图则只需画出本层的投影内容及下一层的窗楣、雨篷等这些下一层无法表达的内容。图 2-28、图 2-29 所示，为某职工住宅一层平面图和屋顶平面图，这些图在正式的施工图中都是按国家制图标准用 1：100 的比例绘制的。

建筑平面图由于比例小，各层平面图中的卫生间、楼梯间、门窗等投影难以详尽表示，便采用中华人民共和国国家标准《建筑制图标准》GB/T 50104—2010 规定的图例来表达（表 2-9），而相应的详尽情况则另用较大比例的详图来表达。

（5）平面图的线型

建筑平面图的线型，按《建筑制图标准》GB/T 50104—2010 规定，凡是剖到的墙、柱的断面轮廓线，宜用粗实线表示，门扇的开启示意线用中粗实线表示，其余可见投影线则用细实线表示，如图 2-27 所示。

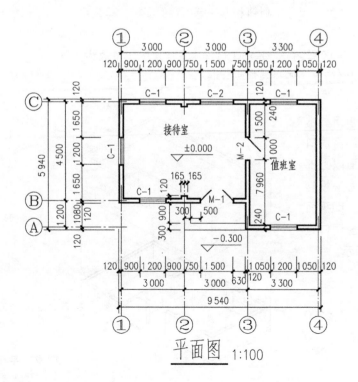

平面图 1:100

图 2-27　平面图

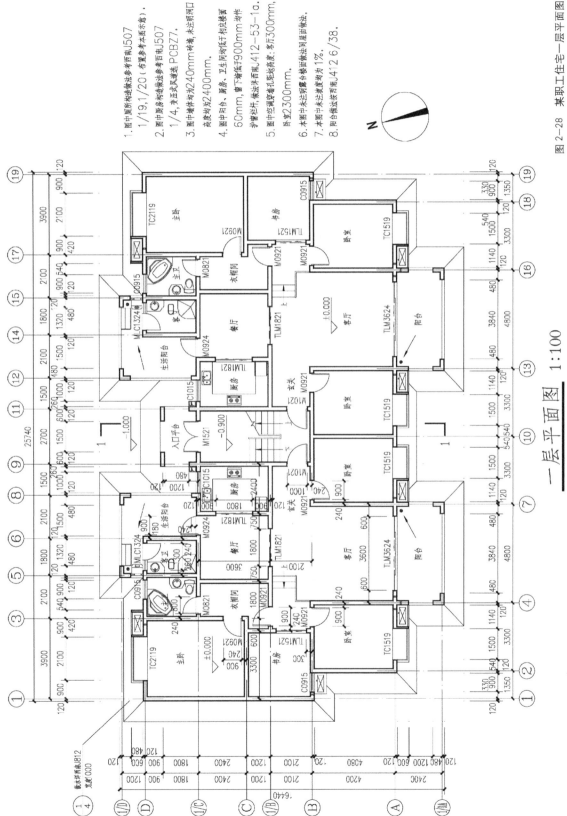

图 2-28 某职工住宅一层平面图

一层平面图 1:100

1. 图中厕所构造做法参考西南J507。
2. 图中厨房构造做法参考西南J507。
   1/4，支瓦式通道选PCBZ7。
3. 图中墙体均为240mm砖墙，未注明洞口
   高度均为2400mm。
4. 图中阳台、厨房、卫生间均低于相应楼面
   60mm，窗下墙低于900mm制作
   护窗栏杆，做法详西南412-53-1a。
5. 图中空调穿管孔距地楼面：另300mm，
   高至2300mm。
6. 本图中注明露台楼面做法同屋面做法。
7. 本图中注坡度均为1%。
8. 阳台做法详西南412 6/38。

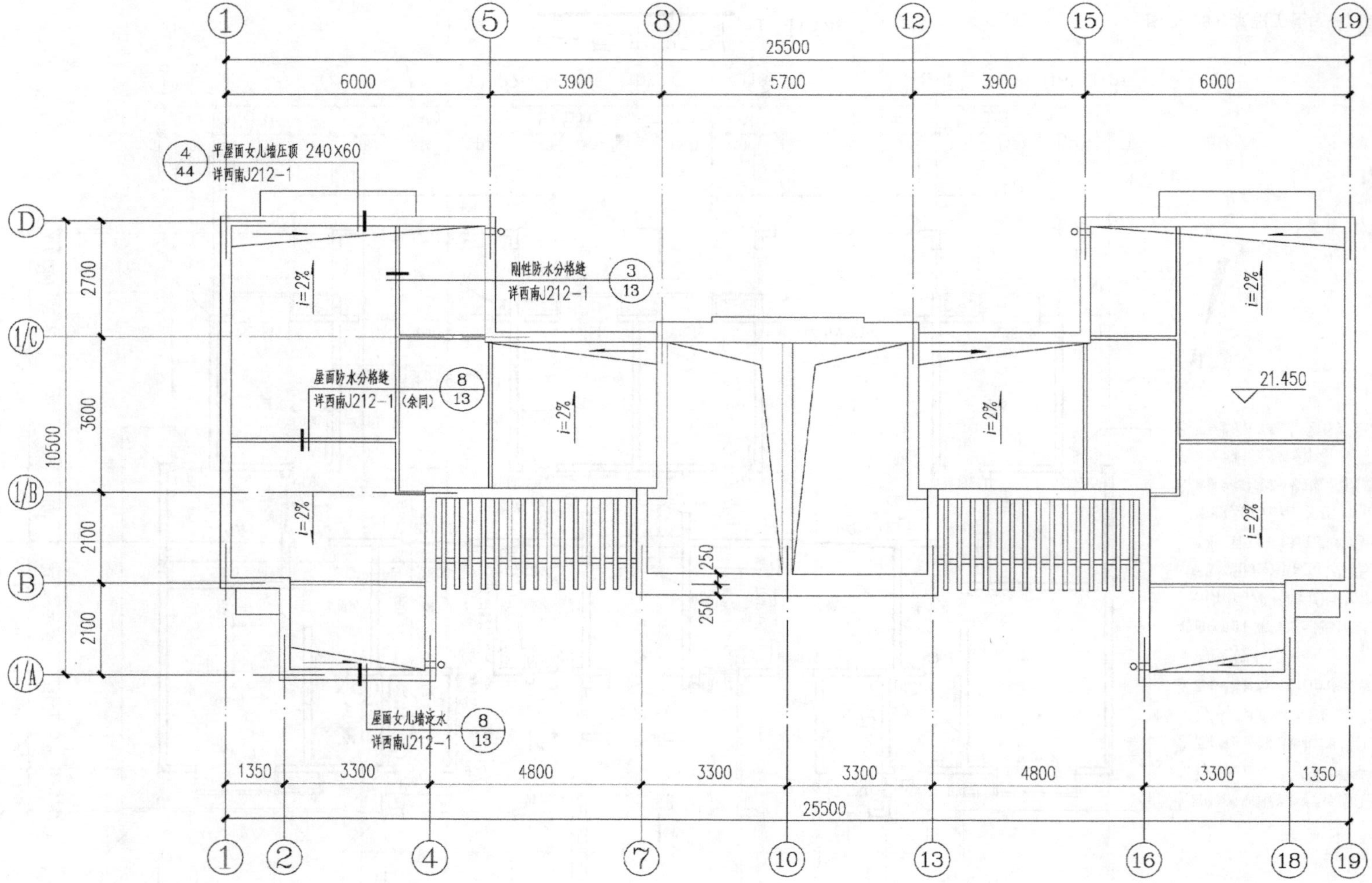

屋顶平面图 1:100

图2-29 某职工住宅屋顶平面图

建筑平面图常用图例

表2-9

序号	名称	图例	备注
1	墙体	1 2 3	1为无填充图例墙体; 2为砖墙; 3为混凝土墙体。 墙体厚度常用的有：100、120、200、240、370mm
2	栏杆		用细实线表示，间距为100mm
3	楼梯	1 下 2 下 上 3 上	1、2、3分别表示顶层、中间层、底层楼梯，楼梯梯段形式、踏步、步数及栏杆扶手的形式应按实际情况绘制
4	坡道	1 下 2 下 下 下	1为长坡道，2为门口坡道
5	烟道		1.阴影部分亦可填充灰度或涂色代替; 2.烟道、风道与墙体为相同材料时，其相接处墙身线应连通; 3.烟道、风道根据需要增加不同材料的内衬
6	风道		
7	空门洞	h=	h为门洞高度

序号	名称	图例	备注
8	单扇门（包括平开门和弹簧门）		
9	单面开启双扇门（包括平开门和弹簧门）		
10	双面开启双扇门（包括平开门和弹簧门）		1.门的名称代号用M； 2.图例中剖面图左为外、右为内，平面图下为外、上为内； 3.立面图上开启方向线交角的一侧为安装铰链的一侧，实线为外开，虚线为内开； 4.平面图上门线应90°或45°开启，开启弧线应绘出； 5.立面形式应按实际情况绘制
11	墙中双扇推拉门		
12	墙外双扇推拉门		
13	折叠门		
14	门连窗		
15	旋转门		1.门的名称代号用M； 2.立面形式应按实际情况绘制

序号	名称	图例	备注
16	竖向卷帘门	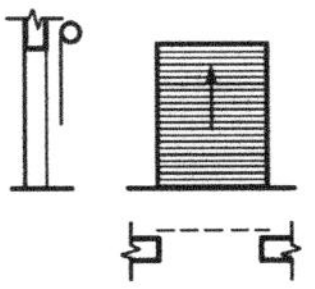	—
17	自动门	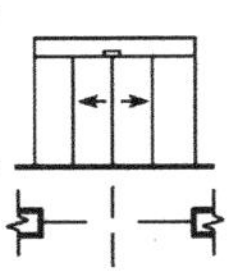	1.门的名称代号用M; 2.立面形式应按实际情况绘制
18	固定窗	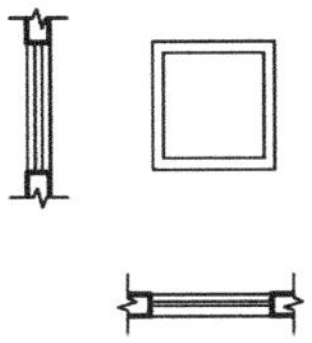	
19	单层推拉窗	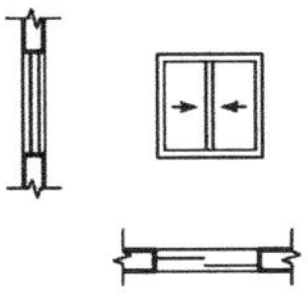	
20	双层推拉窗	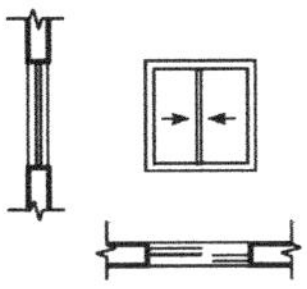	1.窗的名称代号为C。 2.立面图中的斜线表示窗的开启方向,实线为外开,虚线为内开;开启方向线交角的一侧为安装铰链的一侧。 3.图例中剖面图左为外、右为内,平面图下为外、上为内。 4.平面图和剖面图上的虚线仅说明开关方式,在设计图中不需要表示。 5.窗的立面形式应按实际情况绘制
21	上推窗	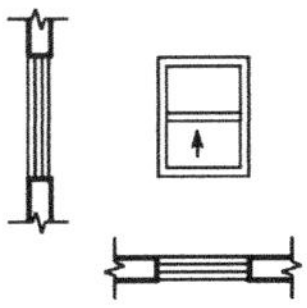	
22	平推窗	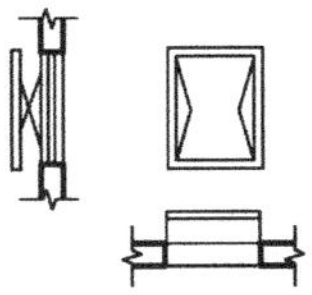	
23	单层外开平开窗	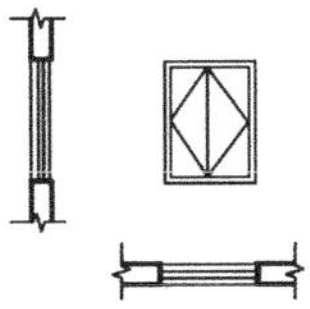	
24	单层内开平开窗	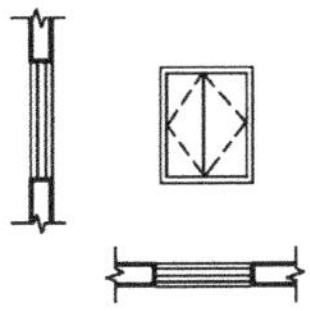	

序号	名称	图例	备注
25	双层内外开平开窗	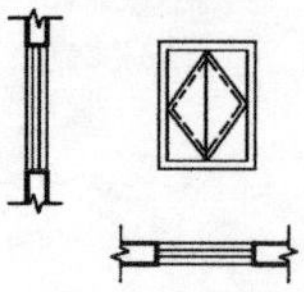	
26	上悬窗	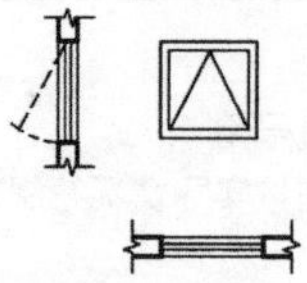	
27	中悬窗	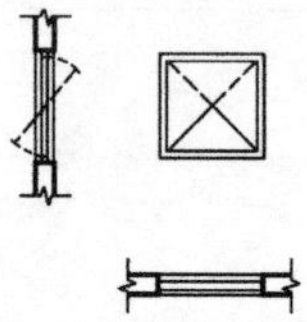	1.窗的名称代号为C。 2.立面图中的斜线表示窗的开启方向，实线为外开，虚线为内开；开启方向线交角的一侧为安装铰链的一侧。 3.图例中剖面图左为外、右为内，平面图下为外、上为内。 4.平面图和剖面图上的虚线仅说明开关方式，在设计图中不需要表示。 5.窗的立面形式应按实际情况绘制
28	下悬窗	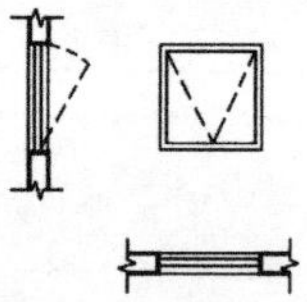	
29	立转窗	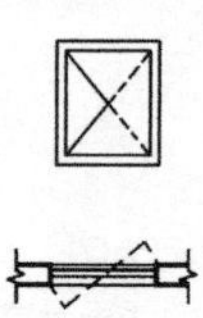	
30	高窗	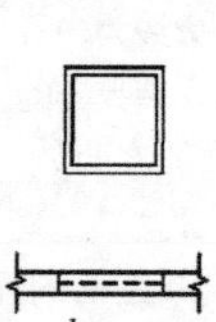 $h=$	
31	百叶窗	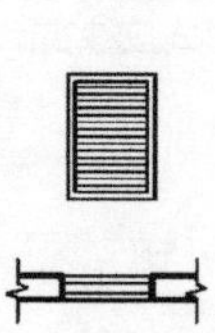	—

（6）建筑平面图的轴线号

在建筑平面图中，为了确定建筑构配件的具体位置，采用轴线网格划分平面，这些轴线叫定位轴线，它是确定房屋主要承重构件（墙、柱、梁）位置及标准尺寸的基线。中华人民共和国国家标准《房屋建筑制图统一标准》GB/T 50001—2017规定：水平方向的轴线自左至右用阿拉伯数字编号；竖直方向自下而上用大写拉丁字母连续编号，并除去I、O、Z三个字母，以免与

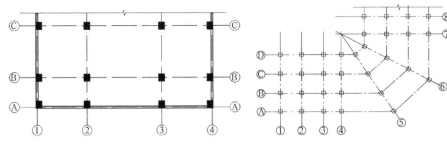

图 2-30　定位轴线及
　　　编号标注方法（左）
图 2-31　折线形平面
　　　定位轴线标注方法
　　　（右）

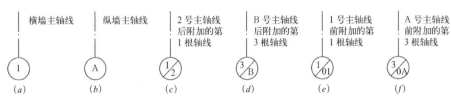

横墙主轴线	纵墙主轴线	2 号主轴线 后附加的第 1 根轴线	B 号主轴线 后附加的第 3 根轴线	1 号主轴线 前附加的第 1 根轴线	A 号主轴线 前附加的第 3 根轴线
①	Ⓐ	½	⅜B	1/01	3/0A
(a)	(b)	(c)	(d)	(e)	(f)

图 2-32　轴线编号

阿拉伯数字中 1、0、2 三个数字混淆，如图 2-30 所示。如果平面为折线形，定位轴线的编号可以按图 2-31 所示方式依次编注，一般承重墙柱及外墙编为主轴线，非承重墙、隔墙等编为附加轴线（又称分轴线）。第一号主轴线或前的附加轴线编号为 1/01 或 1/0A，如图 2-32 所示。轴线线圈用细实线画出，直径为 8 ~ 10mm。

　　(7) 建筑平面图的尺寸标注

建筑平面图标注的尺寸有外部尺寸和内部尺寸。

①外部尺寸：在水平方向和竖直方向各标注三道。最外一道尺寸标注房屋水平方向的总长、总宽，称为总尺寸；中间一道尺寸标注房屋的开间、进深，称为轴线尺寸（注：一般情况下两横墙之间的距离称为"开间"，两纵墙之间的距离称为"进深"）；最里边一道尺寸标注房屋外墙的墙段及门窗洞口尺寸，称为细部尺寸。

如果建筑平面图图形对称，宜在图形的左边、下边标注尺寸；如果图形不对称，则需在图形的各个方向标注尺寸，或在局部不对称的部分标注尺寸。

②内部尺寸：应标注各房间长、宽方向的净空尺寸，墙厚及轴线的关系、柱子截面、房屋内部门窗洞口、门垛等细部尺寸。

③标高、门窗编号：平面图中应标注不同楼地面高度房间及室外地坪等标高。为编制概预算的统计及施工备料，平面图上所有的门窗都应进行编号。门常用"M1""M2"或"M-1""M-2"等表示，窗常用"C1""C2"或"C-1""C-2"表示，也可用门窗洞口尺寸来标注门窗，如"M0924"表示900mm 宽，2400mm 的门，"C1515"表示 1500mm 宽 1500mm 高的门等。

④剖切位置及详图索引：为了表示房屋竖向的内部情况，需要绘制建筑剖面图，其剖切位置应在底层平面图中标出，其符号为"⌐＿＿⌐"，其中表示剖切位置的"剖切位置线"长度为 6 ~ 10mm；剖视方向线应垂直于剖切位置线，长度应短于剖切位置线，宜为 4 ~ 6mm。如图 2-33 所示。如剖面图与被剖切图样不在同一张图纸内，可在剖切位置线的另一侧注明其所在图号。如

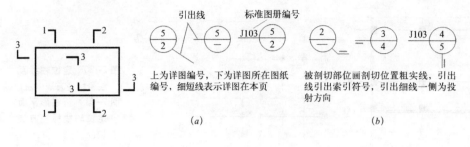

引出线　　　　标准图册编号

上为详图编号，下为详图所在图纸
编号，细短线表示详图在本页

被剖切部位画剖切位置粗实线，引出
线引出索引符号，引出细线一侧为投
射方向

(a)　　　　　　　　　　　　(b)

图2—33　剖切符号（左）
图2—34　索引符号（右）
(a) 索引符号；
(b) 索引剖面详图

图中某个部位需要画出详图，则在该部位要标出详图索引标志，表示另有详图表示。索引符号是由直径为 10mm 的圆和水直径线组成，圆及水平直径线均应以细实线绘制，如图 2—34 所示。平面图中各房间的用途宜用文字标出，如"卧室""客厅""厨房"等。

(8) 平面图的画图步骤

施工图是施工的依据，图上一条线、一个字的错误，都会影响基本建设的速度，甚至带来极大的损失，所以，应采取认真的态度和极端负责的精神来绘制好施工图，使图纸清晰、正确，尺寸齐全，阅读方便，便于施工。

修建一幢房屋需要很多图纸，其中平、立、剖面图是房屋的基本图样。规模较大、层次较多的房屋，常常需要若干平、立、剖面图和构造详图才能表达清楚。对于规模较小、结构简单的房屋，图样的数量自然少些。在画图前，首先考虑画哪些图。在决定画哪些图样时，要尽可能以较少量的图样将房屋表达清楚。其次，要考虑选择适当的比例，决定图幅的大小。有了图样的数量和大小，最后考虑图样的布置，在一张图纸上，图样布局要匀称、合理。布置图样时，应考虑标注尺寸的位置。上述三个步骤完成以后，便可开始绘图。

①画墙柱的定位轴线，如图 2—35 (a) 所示。

②画墙厚、柱子截面，定门窗位置，如图 2—35 (b) 所示。

③画台阶、窗台、楼梯（本图无楼梯）等细部位置，如图 2—35 (c) 所示。

④画尺寸线、标高符号，如图 2—35 (d) 所示。

⑤检查无误后，按要求加深各种线并标注尺寸数字、书写文字说明，如图 2—35 (d) 所示。

(9) 平面图的读图要点

平面图的识读应注意以下几点：

①图名、比例。

②总长、总宽、纵横各几道轴线。

③房间布置情况、使用功能及交通组织，包括水平和垂直交通；楼梯间的位置；出入口的位置。

④主要房间开间、进深尺寸，面积大小。

⑤门窗情况：门窗位置、种类、编号、数量、尺寸和开启形式。

⑥各房间地面标高情况。

⑦墙体厚度及柱子大小、尺寸和定位。

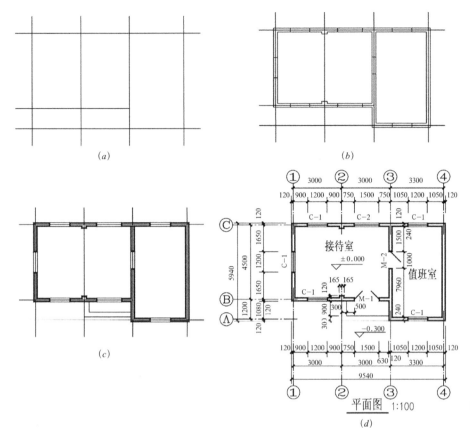

图 2-35　平面的画图步骤

⑧若是底层平面图，应有室外散水宽度和范围、室外台阶位置和步数；若是屋顶平面图，应有屋面排水坡度和坡向、屋面挑檐宽度和位置。

3）建筑立面图

（1）建筑立面图的用途

建筑立面图主要用来表达房屋的外部造型、门窗位置及形式，墙面装修、阳台、雨篷等部分的材料和做法，如图 2-36 所示。

（2）建筑立面图的形成

立面图是用直接正投影法将建筑各个墙面进行投影所得到的正投影图（图 2-36）。某些平面形状曲折的建筑物，可绘制展开立面图；圆形或多边形平面的建筑物，可分段展开绘制立面图，但均应在图名后加注"展开"二字。

（3）建筑立面图的比例及图名

建筑立面图的比例与平面图一致，常用 1∶50、1∶100、1∶200 的比例绘制。

建筑立面图的图名常用以下三种方式命名：

①以建筑墙面的特征命名，常把建筑主要出入口所在墙面的立面图称为正立面图，其余几个立面相应地称为背立面图、侧立面图。

②以建筑各墙面的朝向来命名，如东立面图、西立面图、南立面图、北立面图。

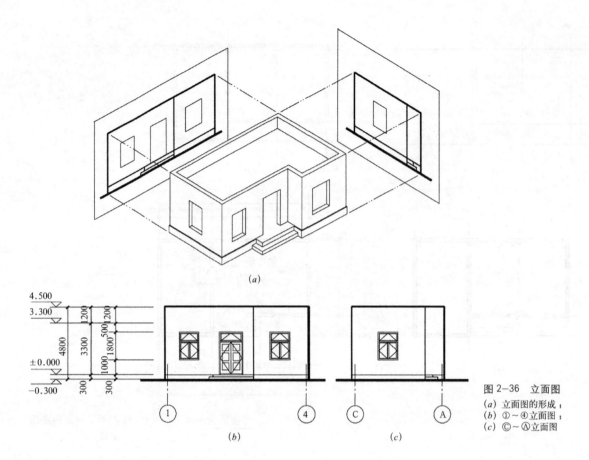

图 2-36 立面图
(a) 立面图的形成；
(b) ①~④立面图；
(c) ©~Ⓐ立面图

③以建筑两端定位轴线编号命名，如①～⑲立面图等。相关国家标准规定：有定位轴线的建筑物，宜根据两端轴线号编注立面图的名称，如图 2-37 所示。

(4) 建筑立面图的图示内容

立面图应根据正投影原理绘出建筑物外墙面上所有门窗、雨篷、檐口、壁柱、窗台及底层入口处的台阶、花池等的投影。由于比例较小，立面图上的门、窗等构件也用图例表示（表 2-9）。相同的门窗、阳台、外檐装修、构造做法等，可在局部重点表示，绘出其完整图形，其余部分可只画轮廓线。如立面图中不能表达清楚，则可另用详图表达。

(5) 建筑立面图的线型

为使立面图外形更清晰，通常用粗实线表示立面图的最外轮廓线，而凸出墙面的雨篷、阳台、柱子、窗台、窗楣、台阶、花池等投影线用中粗线画出，地坪线用加粗线（粗于标准粗度的 1.4 倍）画出，其余如门窗及墙面分格线、雨水管及材料符号引出线、说明引出线等，用细实线画出，如图 2-37 所示。

(6) 建筑立面图的尺寸标注

建筑立面图的尺寸标注应注意以下几点：

①竖直方向：应标注建筑物的室内外地坪、门窗洞口上下口、台阶顶面、

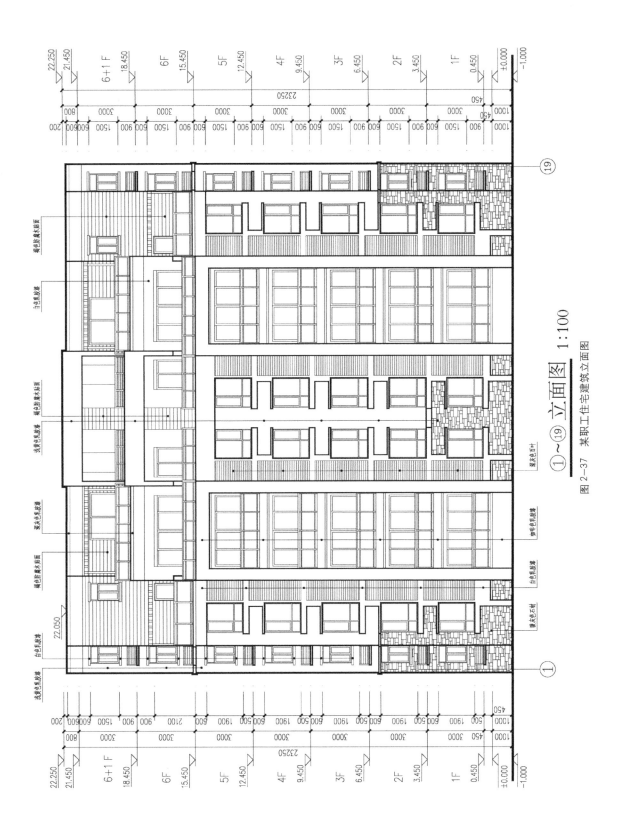

①~⑲ 立面图 1:100

图 2-37 某职工住宅建筑立面图

雨篷、房檐下口、屋面、墙顶等处的标高，并应在竖直方向标注三道尺寸。里边一道尺寸标注房屋的室内外高差、门窗洞口高度、垂直方向窗间墙、窗下墙高、檐口高度尺寸；中间一道尺寸标注层高尺寸；外边一道尺寸为总高尺寸。

②水平方向：立面图水平方向一般不注尺寸，但需要标出立面图最外两端墙的轴线及编号，并在图的下方注写图名、比例。

③其他标注：立面图上可在适当位置用文字标出其装修，也可以不注写在立面图中，以保证立面图的完整、美观，而在建筑设计总说明中列出外墙面的装修。如图 2—37 所示。

（7）建筑立面图的画图步骤

①画室外地平线、门窗洞口、檐口、屋脊等高度线，并由平面图定出门窗洞口的位置，画墙（柱）身的轮廓线，如图 2—38（a）所示。

②画勒脚线、台阶、窗台、屋面等各细部，如图 2—38（b）所示。

③画门窗分隔、材料符号，并标注尺寸和轴线编号，如图 2—38（c）所示。

④加深图线，并标注尺寸数字、书写文字说明，如图 2—38（c）所示。

注：侧立面图的画图步骤同正立面图，画图时可同时进行。

（8）建筑立面图的读图要点

立面图的读图要点应注意以下几点：

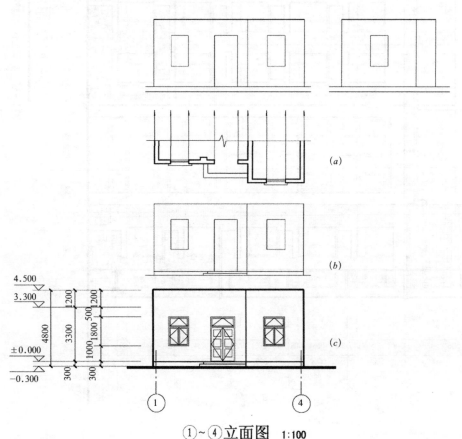

①~④立面图 1:100

图 2—38 立面图的画
图步骤

①图名、比例。

②立面形式和外貌风格，外墙装修色彩分隔和材料。

③建筑物的高度尺寸，建筑的总层数；底层室内外地面的高差、各层的层高。

④室外台阶、勒脚、窗台、雨篷等的位置、材料、尺寸等。

(9) 建筑剖面图的用途

建筑剖面图主要用来表达房屋内部垂直方向的结构形式、沿高度方向分层情况、各层构造做法、门窗洞口高、层高及建筑总高等，如图 2-39 所示。

(10) 建筑剖面图的形成

建筑剖面图（简称剖面图）是一假想剖切平面，平行于房屋的某一墙面，将整个房屋从屋顶到基础全部剖切开，把剖切面与观察人之间的部分移开，将剩下部分按垂直于剖切平面的方向投影而画成的图样，如图 2-40 所示。建筑

图 2-39　某职工住宅建筑剖面图

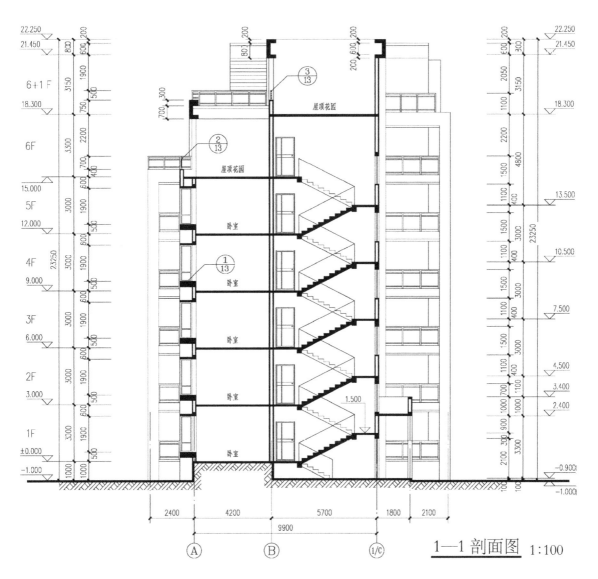

1—1 剖面图　1:100

剖面图就是一个垂直的剖视图。

（11）建筑剖面图的剖切位置及剖视方向

①剖切位置

剖面图的剖切位置标注在同一建筑物的底层平面图上。剖面图的剖切位置应根据图纸的用途或设计深度，在平面图上选择能反映建筑物全貌、构造特征以及有代表性的部位剖切，实际工程中剖切位置常选择在楼梯间并通过需要剖切到的门、窗洞口位置，如图 2-40 所示。

②剖视方向

平面图上剖切符号的剖视方向宜向后、向右（与我们习惯的正、侧投影方向一致），看剖面图应与平面图相结合，并对照立面图一起看。

（12）建筑剖面图的比例

剖面图的比例常与同一建筑物的平面图、立面图的比例一致，即采用

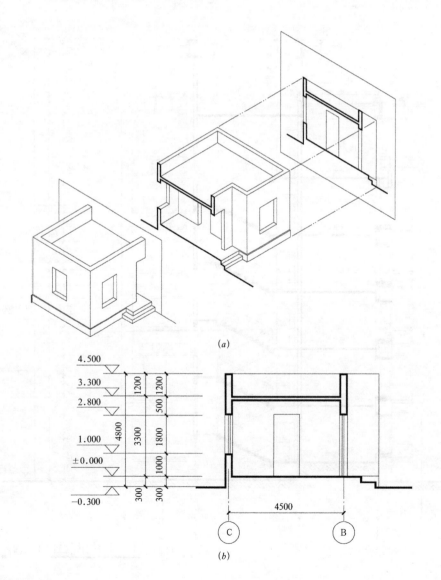

图 2-40　建筑剖面图
　　的形成
(*a*) 剖面图的形成；
(*b*) 剖面图

1：50、1：100 和 1：200 的比例绘制，如图 2-40 所示，由于比例较小，剖面图中的门窗等构件也是采用中华人民共和国国家标准《建筑制图标准》GB/T 50104—2010 规定的图例来表示，见表 2-9。

为了清楚地表达建筑各部分的材料及构造层次，当剖面图比例大于 1：50 时，应在剖到的构件断面画出其材料图例（材料图例见表 2-10）；当剖面图比例小于 1：50 时，则不画具体材料图例，而用简化的材料图例表示其构件断面的材料，如钢筋混凝土构件可在断面涂黑，以区别砖墙和其他材料。

常用建筑材料图例　　　　　　　　　　表2-10

序号	名称	图例	说明
1	自然土壤		包括各种自然土壤
2	夯实土壤		—
3	砂、灰土		—
4	砂砾石、碎砖三合土	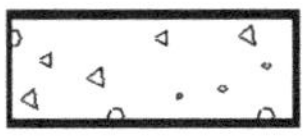	—
5	天然石材	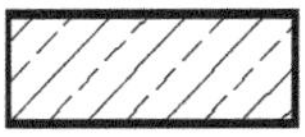	—
6	毛石		—
7	普通砖	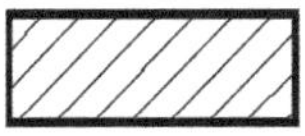	包括空心砖、多孔砖、砌块等砌体。断面较窄不易画出图例线时，可涂红，并在图纸备注中加注说明，画出该材料图例
8	耐火砖	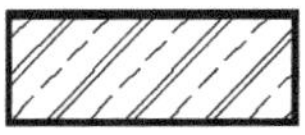	包括耐酸砖等砌体
9	空心砖	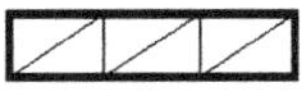	指非承重砖砌体
10	饰面砖		包括铺地砖、陶瓷锦砖、人造大理石等
11	混凝土	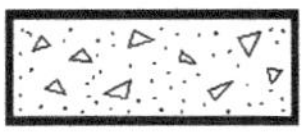	1.本图例仅适用于能承重的混凝土及钢筋混凝土 2.包括各种强度等级、骨料、添加剂的混凝土
12	钢筋混凝土		3.在剖面图上画出钢筋时，不画图例线 4.断面图形较小，不易画出图例线时，可涂黑
13	焦渣、矿渣	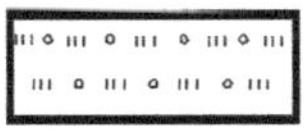	包括与水泥、石灰等混合而成的材料
14	多孔材料	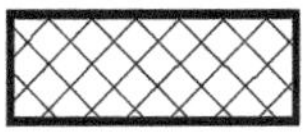	包括水泥珍珠岩、沥青珍珠岩、泡沫混凝土、非承重加气混凝土、泡沫塑料、软木等
15	纤维材料		包括矿棉、岩棉、玻璃棉、麻丝、木丝板、纤维板等

序号	名称	图例	说明
16	泡沫塑料材料	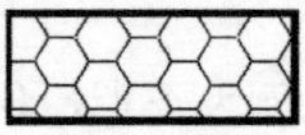	包括聚苯乙烯、聚乙烯、聚氨酯等多孔聚合物类材料
17	木材	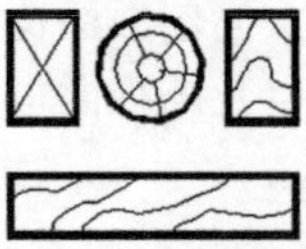	1.上图为横断面，左上图为垫木、木砖、木龙骨 2.下图为纵断面
18	胶合板	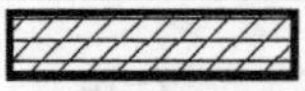	应注明×层胶合板
19	石膏板	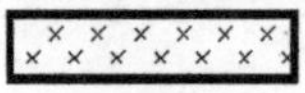	包括圆孔、方孔石膏板、防水石膏板、硅钙板、防火板等
20	金属		1.包括各种金属 2.图形小时，可涂黑
21	网状材料		1.包括金属、塑料等网状材料 2.应注明具体材料名称
22	液体		注明液体名称
23	玻璃		包括平板玻璃、磨砂玻璃、夹丝玻璃、钢化玻璃、中空玻璃、夹层玻璃、镀膜玻璃等
24	橡胶		—
25	塑料		包括各种软、硬塑料及有机玻璃等
26	防水材料		构造层次多或比例大时，采用上图例
27	粉刷		本图例采用较稀的点

注：序号1、2、5、7、8、12、14、18、20、24、25图例中的斜线、短斜线、交叉斜线等均为45°。

　　(13) 建筑剖面图的线型

　　剖面图的线型按《房屋建筑制图统一标准》GB/T 50001—2017 规定，凡是剖到的墙、板、梁等构件的剖切线，用粗实线表示；而没剖到的其他构件的投影，则常用细实线表示，如图 2—40 所示。

　　(14) 建筑剖面图的尺寸标注

　　建筑剖面图的尺寸标注应注意以下几点：

　　①竖直方向：剖面图的尺寸标注在竖直方向上。图形外部标注三道尺寸及建筑物的室内外地坪、各层楼面、门窗洞口的上下口及墙顶等部位的标高。图形内部的梁等构件的下口标高也应标注，且楼地面的标高应尽量标注在图形内。外部的三道尺寸，最外一道为总高尺寸，从室外地平面起标到墙顶止，

标注建筑物的总高度；中间一道尺寸为层高尺寸，标注各层层高（两层之间楼地面的垂直距离称为层高）；最里边一道尺寸称为细部尺寸，标注墙段及洞口尺寸。

②水平方向：常标注两道尺寸。里边一道标注剖到的墙、柱及剖面图两端的轴线编号及轴线间距；外边一道标注剖面图两端剖到的墙、柱轴线总尺寸，并在图的下方注写图名和比例。

③其他标注：由于剖面图比例较小，某些部位如墙脚、窗台、过梁、墙顶等节点，不能详细表达，可在剖面图上的该部位处画上详图索引标志，另用详图来表示其细部构造尺寸。此外，楼地面及墙体的内外装修，可用文字分层标注。

（15）建筑剖面图的画图步骤

①画室内外地平线、最外墙（柱）身的轴线和各部高度，如图 2-41（a）所示。

②画墙厚、门窗洞口及可见的主要轮廓线，如图 2-41（b）所示。

③画屋面及踢脚板等细部符号，如图 2-41（c）所示。

④加深图线，并标注尺寸数字、书写文字说明，如图 2-41（c）所示。

（16）建筑剖面图的读图要点

剖面图的识读应注意以下几点：

①图名、比例。

②剖面图的剖切位置。

③建筑物的总高度尺寸，建筑的总层数；底层室内外地面的高差、各层的层高。

④楼梯形式、各构件之间的关系。

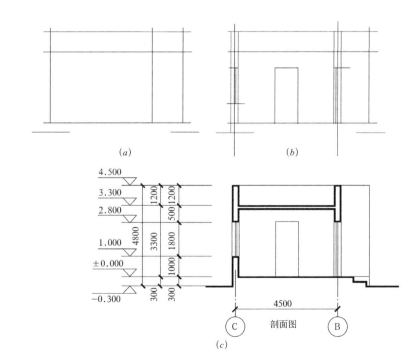

图 2-41　剖面图的画图步骤

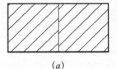 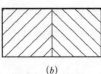 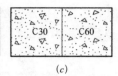 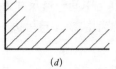

(a) (b) (c) (d) 图 2-42　图例的画法

（17）绘制剖面图的图线及图例的注意事项

①图例线应间隔均匀、疏密适度。两条相互平等的图例线，其净间隙或线中间隙不宜小于 0.2mm。

②两个相同的图例相接时，图例线宜错开或使用倾斜方向相反的图例线，如图 2-42（a）、图 2-42（b）所示。

③不同品种的同类材料使用同一图例时，应在图上附加必要的说明，如图 2-42（c）所示。

④当需画出的建筑材料图例过大时，可在断面轮廓线内，沿轮廓线作局部表示，如图 2-42（d）所示。

⑤当不必指明材料种类时，应在断面轮廓范围内用细实线画上 45° 的剖面线，同一物体的剖面线应方向一致、间距相等。

⑥当一张图纸内的图样只用一种图例或图形较小无法画出建筑材料图例时，这两种情况可以不加图例，但是要加以文字说明。

2.3　建筑手绘图的表达

2.3.1　徒手钢笔画的绘图要领

徒手钢笔画是建筑设计人员绘制方案、交流思想的重要手段。相比其他的方式，徒手钢笔画能快速地表达思想，是设计过程中应用最多的一种绘图方式。

徒手钢笔画作为一种特殊的建筑应用绘画，既要求形象准确，又要求很强的艺术性，所包含的内容十分丰富。遵循如下要点对画面取得良好效果是十分有效的。

1. 画面构图

建筑作为透视图的主体，在画面中的位置和所占比例是构图的关键。建筑的中心与图纸的中心不应重合，而应适当偏离，使天大地小、主立面前方空间开阔，以达到画面稳定的效果。

透视图中的建筑通常位于图纸下部三分之二以内，建筑体量所占比例要恰当，一般占据画面的三分之一左右。鸟瞰图因视点提高、视野广阔，而使建筑物几乎涉及整个画面。配景作为陪衬，应该起到进一步均衡构图、活跃画面和丰富层次等作用，体量较大的衬景与前景需谨慎配置。

视平线高低的选择也关系到画面表达的内容侧重，如图 2-43 所示。

2. 整体统一

在绘画时"攻其一点、不及其余"是不全面的，必须有全局观念、作整体构思：在突出重点的同时处理好局部与全局、重点与一般的关系，并通过对

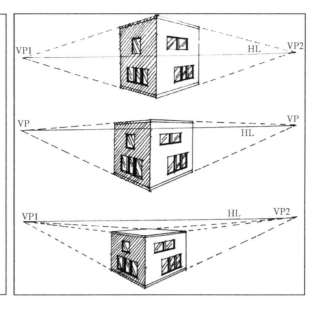

視平線居中
視平線居中時可以看到建築與人的關係是均衡的,此種透視關係一般用來表現小體量或近景建築。

視平線偏上
視平線偏上時人與建築的關係呈俯視狀態,此種透視一般用來表現建築的體量感。

視平線偏高
視平線偏高時人與建築的關係呈鳥瞰狀態,此時可以看見建築的頂面。此種透視關係整體感強,所以一般在需要表現建築的整體氣勢時採用該透視。

图 2-43 视平线居中、偏上和偏高的透视效果

色调明暗、虚实过渡、重点与其他,以及对建筑与配景之间的恰当处理,使画面既有重点又相均衡,做到整体统一。

3. 突出重点

避免平均对待是使画面精彩的关键,因为它符合人追求视觉中心的视觉科学规律。建筑绘画的重点一般位于入口或设计中的得意之处,但重中之重只能一个。为了突出重点,一是可采用对比的手法,如繁简对比:以"实"的手法仔细刻画重点与以"虚"的手法大胆概括非重点形成对比,使重点突出,再通过"虚""实"过渡达到整体统一;二是视线引导也能起到突出重点的作用,通过物象(如人、车等)运动的方向感和引线(如地面分割线)的方向感,将观察者的注意力引向重点,这也体现了"动重于静、人重于物"的规律。

4. 线条表现

线条是徒手钢笔画的重要元素,徒手钢笔画虽然以自由、随意为特点,但不代表勾画线条时可以任意为之,还是需要注意一些处理手法,这样勾画出的徒手线条才会有挺直感、韵律感和动感。

徒手勾画的线条应注意的要点如下:

首先要肯定,每一笔的起点和终点交代清楚,使线条位置准确和平直。

其次,线与线之间的交接同样要交代清楚。可以使两个线条相交后,略微出头,能够使物体的轮廓显得更方正、鲜明和完整。略微出头的相交显然比两条完美邻接的线条画得更快,并且使绘图显得更加随意和专业。

线条练习常见问题,如图 2-44 所示。

正确线条造型的方法:

物体轮廓线条的搭接遵循"宁可交叉不可断"的原则,线条表现出挺拔、肯定、清晰的状态,物体的光影、明暗层次的线条塑造遵循"透视方向、虚实过渡、最小难度"的原则。物体的主要结构线、明暗交界线遵循"适当强化"的原则。

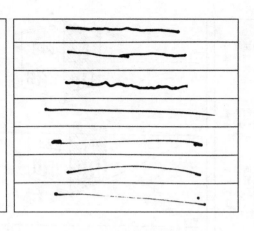

| (1) 速度慢：每次画线都小心翼翼，很拘束、紧张。
(2) 不流畅：当线条拼接时，接痕明显，显得粗糙。
(3) 太刻意：画曲线时不灵活，制造人为的曲线颤抖轨迹。
(4) 无收笔：线条不严谨，随意性强，线条落笔目标性不强。
(5) 端头生硬：线条的起笔与落笔生硬，不自然。
(6) 弯曲：运笔不平稳，线条轻浮。
(7) 速度快：运笔急促，线条中间出现虚、断的现象。 | |

图 2-44 线条练习常见问题

(1) 用于塑造物体的轮廓线需要保持一定的运笔速度，做到干脆、利索，线条平稳，并且一气呵成。

(2) 线条造型时，可以有交叉、有搭接，但是不要出现轮廓线条搭接过大的现象，也不要出现搭接拘谨或者无法搭接的现象。

(3) 投影的轮廓可以用适当的虚线作简要概括，使成组的投影轮廓线条不出现散乱状态，也不要画得太过呆板。

(4) 投影线条的排列一定遵守物体透视的规律，使线条表现出来的投影形态与物体形态在空间上有所区别。同时，投影线条排列时要近密远疏，营造投影的近实远虚的空间效果。

(5) 物体背光部的线条表现要遵守"短边"原则，线条与物体的形态尽量保持一个方向或者保持一致。

(6) 为了区别物体的受光面、背光面、灰色过渡面之间的关系，介于受光面与背光面之间的过渡面可以用不规律的"点"来代替，形成"点、线、面"之间的关系。

正确线条造型，如图 2-45 所示。

常用线条画法，如图 2-46、图 2-47 所示。

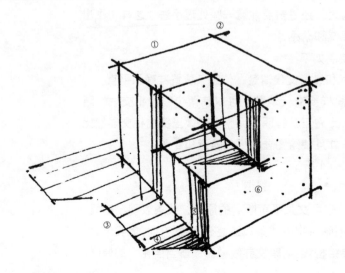

图 2-45 正确线条造型示意

直线

曲线

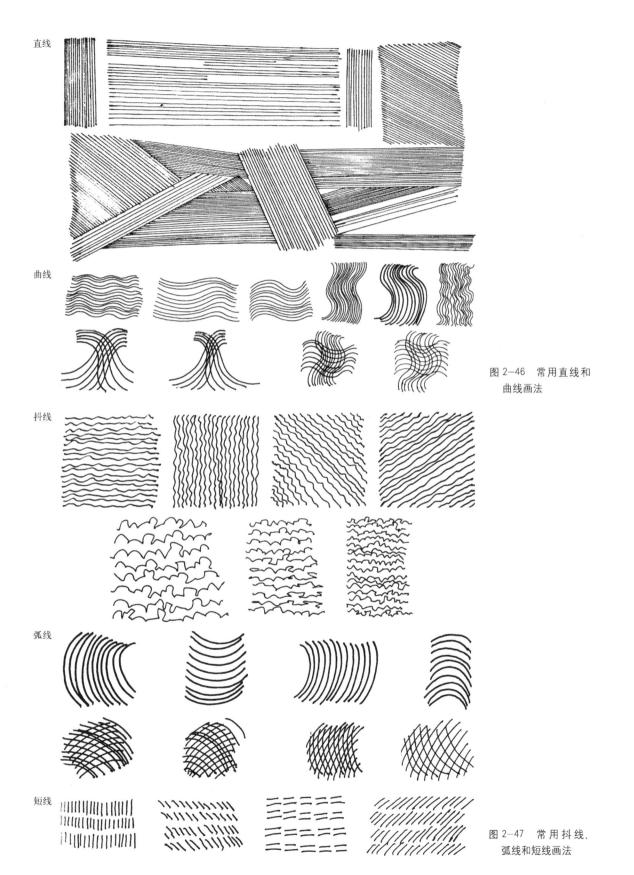

图 2-46　常用直线和
曲线画法

抖线

弧线

短线

图 2-47　常用抖线、
弧线和短线画法

2.3.2 建筑配景的绘制

为了烘托建筑环境，反映地段的地形、地貌，建筑画中的配景是必不可少的。但既然是配景，就应该起到陪衬作用，不能喧宾夺主。配景内容可被概括为"人、车、树"，当然还包括天、地、小品等。配景画法也可偏于程式化，因为这比自然的人、车、树更易于与建筑相匹配。"人"在画中还有其特殊作用——体现建筑的尺度。

下面举例说明，如图 2—48 ～ 图 2—55 所示。

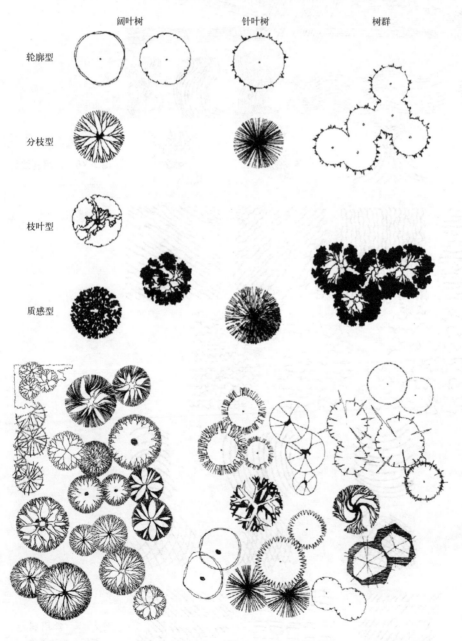

图 2—48 平面树的画法

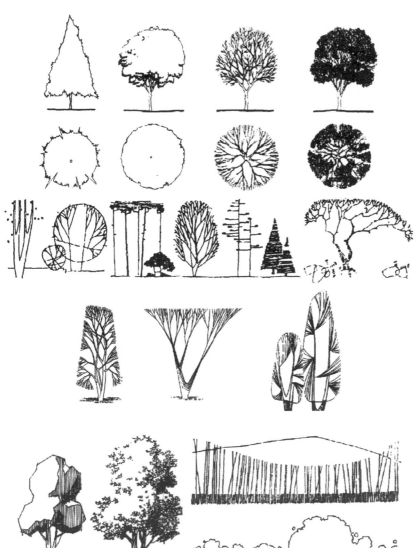

图 2—49　立面树的画法

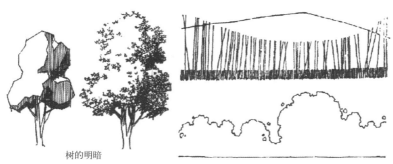

树的明暗

图 2—50　透视树的画法

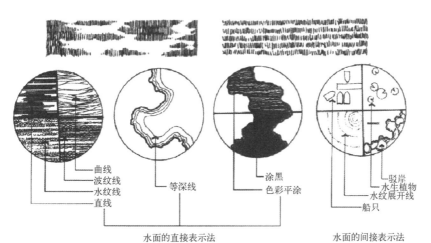

曲线
波纹线
水纹线
直线

等深线

涂黑平涂
色彩平涂

驳岸
水生植物
水纹展开线
船只

水面的直接表示法　　　水面的间接表示法　　图 2—51　水的画法

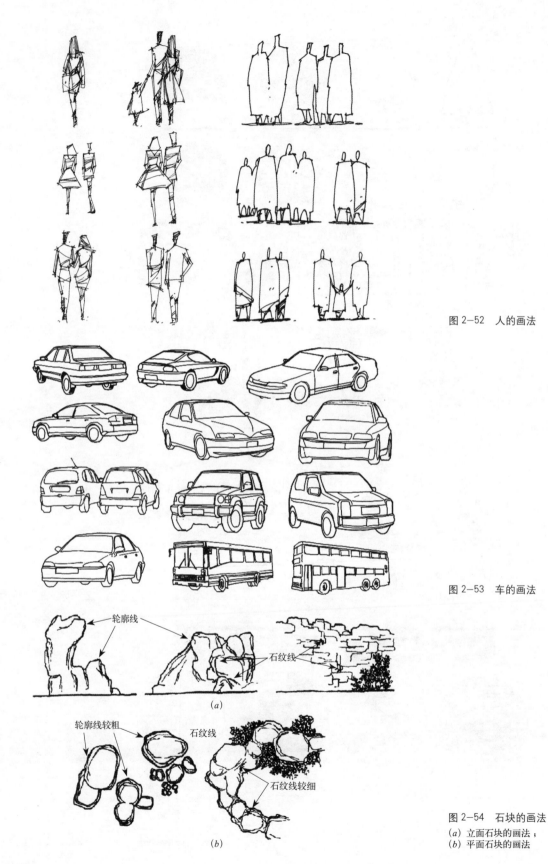

图 2—52　人的画法

图 2—53　车的画法

轮廓线

石纹线

(a)

轮廓线较粗　　石纹线

石纹线较细

(b)

图 2—54　石块的画法
(a) 立面石块的画法；
(b) 平面石块的画法

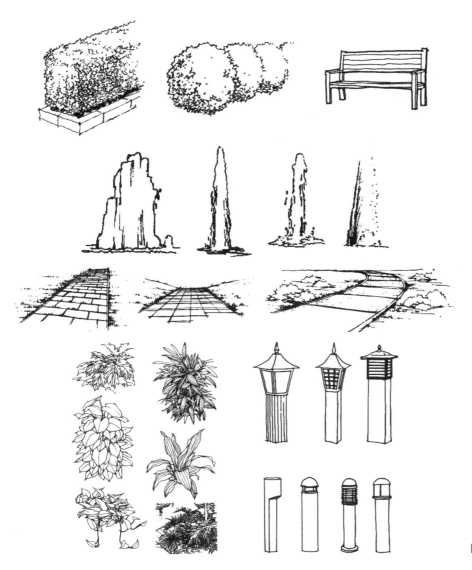

图 2-55 其他配景画法

2.4 建筑名作赏析

2.4.1 流水别墅

1. 概述

建筑师：弗兰克·劳埃德·赖特（简称 F·L·赖特）

使用对象：匹兹堡百货公司大亨考夫曼夫妇

建筑面积：400m²

基地条件：美国宾夕法尼亚州的一个叫做"熊跑"的幽静峡谷，那里山石峻美，瀑布顺石而下，地形崎岖多变。

2. 设计意向

流水别墅是美国建筑大师 F·L·赖特的经典作品，整个别墅建在地形复杂、溪水跌落形成的小瀑布之上。其整体疏密有致，有实有虚，与山石、林木、水

图 2-56 流水别墅外
景（左）
图 2-57 流水别墅全
景图二维码（右）

流紧密交融，人工建筑与自然环境汇成一体，交相衬映，并以四季更迭进行着自我更新。

正如赖特自己的描述："……在山溪旁的一个峭壁的延伸，生存空间靠着几层平台而凌空在溪水之上，一位珍爱着这个地方的人就在这平台上，他沉浸于这瀑布的响声，享受着生活的乐趣。"

3. 技术与艺术整合的亮点

整个别墅被构思为自然大环境肌理的艺术化构成，各个方向的艺术延伸而产生的动势，使之如同从大自然中生长出来的，又如盘固于大地之上。

4. 流水别墅设计图（图 2-56、图 2-57）。

2.4.2 巴塞罗那国际博览会德国馆

1. 概述

建筑师：密斯·凡·德·罗

使用对象：巴塞罗那国际博览会德国馆

基地条件：巴塞罗那国际博览会德国馆，基地长约 50m，宽约 25m，占地 1250m²，由一个主厅、两间附属用房、两片水池、几道围墙组成。除少量桌椅外，没有其他展品。

2. 设计意向

密斯认为，当代博览会不应再具有富丽堂皇和竞市角逐功能的设计思想，应该跨进文化领域的哲学园地，建筑本身就是展品的主体。密斯·凡·德·罗在这里实现了他的技术与文化融合的理想。在密斯看来，建筑最佳的处理方法就是尽量以平淡如水的叙事口吻直接切入到建筑的本质：空间、构造、模数和形态。

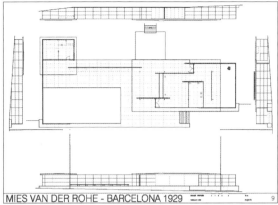

3. 技术与艺术整合的亮点

这座德国馆建立在一个基座之上，主厅有 8 根金属柱子，上面是薄薄的一片屋顶。大理石和玻璃构成的墙板也是简单光洁的薄片，它们纵横交错，布置灵活，形成既分割又连通、既简单又复杂的空间序列；室内室外也互相穿插贯通，没有截然的分界，形成奇妙的流通空间。整个建筑没有附加的雕刻装饰，然而对建筑材料的颜色、纹理、质地的选择十分精细，搭配异常考究，比例推敲精当，使整个建筑物显出高贵、雅致、生动、鲜亮的品质，向人们展示了历史上前所未有的建筑艺术质量。

4. 德国馆设计图（图 2-58 ～ 图 2-62）

2.4.3 水之教堂

1. 概述

建筑师：安藤忠雄

使用对象：朝圣者

基地条件：水之教堂位于北海道夕张山脉东北部群山环抱之中的一块平地上，日本设计师安藤忠雄的"教堂三部曲"（风之教堂、光之教堂、水之教堂）之一。

2. 设计意向

水之教堂以"与自然共生"为主题。安藤忠雄将附近的自然水体引入基地，

图 2-58 巴塞罗那国际博览会德国馆外景（一）（左上）

图 2-59 巴塞罗那国际博览会德国馆技术图纸（右上）

图 2-60 巴塞罗那国际博览会德国馆内部（左下）

图 2-61 巴塞罗那国际博览会德国馆外景（右下）

图 2-62 巴塞罗那国际博览会德国馆全景图二维码

营建了一个 90m×45m 的人工湖。安藤试图在这里实现这样一个愿望，即以水为主题，完美处理好自然、人、建筑的有机结合关系。在一系列教堂的设计中，安藤忠雄思考着神圣空间。他深信，神圣空间与自然存在着某种联系，对他而言，神圣所关系的是一种人造自然或建筑化的自然。他认为，当绿化、水、光和风根据人的意念从原生的自然中抽象出来，它们即趋向了神性。

图 2-63　水之教堂外景图（一）

3. 技术与艺术整合的亮点

人工湖的深度是经过设计的，以使水面能微妙地表现出风的存在。面对水池，设计将两个分别为 10m 见方和 15m 见方的正方形在平面上进行了叠合。教堂面向水池的玻璃面是可以整个开启的，人们可以直接与自然接触，听到树叶的沙沙声、水波的声响和鸟儿的鸣唱。天籁之声使整个场所显得更加寂静。在与大自然的融合中，人们面对着自我。背景中的景致随着时间的转逝而无常变幻。

图 2-64　水之教堂内部远眺

图 2-65　水之教堂外景图（二）

4. 水之教堂设计图（图 2-63 ～ 图 2-66）

2.4.4　萨伏伊别墅

1. 概述

建筑师：勒·柯布西耶（法国）

使用对象：法国富翁萨伏伊女士

基地条件：位于巴黎郊区的普瓦西，宅基为矩形，长约 22.5m，宽为 20m。

2. 设计意向

萨伏伊别墅如同静物般根植于基地中央，其设计贯穿了勒·柯布西耶经典的新建筑五特点：底层架空、横向长窗、屋顶花园、自由平面、自由立面，是现代主义建筑风格的完美典范，它代表了进步、自然和纯粹，体现了建筑最本质的特点。

柯布西耶运用了动态、开放、非传统的空间设计语言，使空间成为建筑的主角，在三向空间维度的基础上，灌入"步移景易"的时间元素，使建筑空间呈现更多的动态变化。

图 2-66　水之教堂全景图二维码

3. 技术与艺术整合的亮点

萨伏伊别墅纯粹用建筑自身的元素来塑造丰富的空间，使建筑形体与功能的结合达到完美统一，体现了基本几何形体的审美价值。

（1）模数化设计：柯布西耶研究数学、建筑和人体比例的成果。

（2）简单的装饰风格：摆脱旧有的建筑样式的束缚，创造新的建筑风格。

（3）纯粹的用色：建筑采用代表"新鲜的、纯粹的、简单和健康的"颜色——白色。

（4）动态的空间组织形式：使用螺旋楼梯和坡道来组织空间，是"空间—时间"营造的典范。

（5）屋顶花园的设计：使用绘画和雕塑的表现技巧设计的屋顶花园。

（6）车库的设计：特殊的组织交通流线的方法，使得车库和建筑完美地结合。

4. 萨伏伊别墅设计图（图2-67、图2-68）

图2-67　萨伏伊别墅外观图（左）

图2-68　萨伏伊别墅屋顶花园（右）

2.5　建筑单体测绘

2.5.1　建筑单体测绘的意义

通过对实际建筑的现场调查、测绘，印证、巩固和提高课堂所学理论知识，加深对建筑平面、立面、剖面的认识以及对建筑构造、建筑环境和建筑空间的理解。通过测绘，测绘者能更好地了解建筑的基本特征、常见尺寸和构造做法，从感性上加强对建筑的直观认识，从理性上提高建筑认知能力。测绘项目的完成需要团队协作，对培养学生的团队精神有积极的作用。

2.5.2　建筑单体测绘的内容

建筑测绘一般包含以下几个方面的内容。

1. 总平面图

总平面图是研究建筑及其周边环境的重要基础图纸，能准确地表现出各建筑物、构筑物之间的相对位置和间距，使其总体布局和环境一目了然。总平面图的比例一般为1：500，用地规模较大的可使用1：1000。

总平面图应表达内容包括：用地范围、建筑物位置、面积、层数及设计标高；

道路及绿化布置；指北针或风玫瑰图；技术经济指标等。复杂地形还应标明竖向尺寸、建筑物周边自然环境与人工环境以及构筑物信息。

2．建筑平面图

单体建筑的各层平面图测绘时最重要的是先确定轴线尺寸，之后单体建筑的一切控制尺寸都以此为根据。确定轴线尺寸后，再依次确定墙体、楼梯、台阶、门窗等的位置。

建筑平面图应表达内容包括：建筑的长宽总尺寸；纵横墙的位置（轴线位置）；门窗位置；房间的形状、位置及交通联系；楼梯的位置；固定设备（如卫生间、设备机房等）；图名、比例尺；剖切位置等。

3．建筑立面图

单体建筑的立面图包括正立面、侧立面和背立面，共同体现建筑的整体形象、层数规模和外墙装饰做法等。立面图必须借助辅助工具进行测量，粗略测量时，可以借助竹竿和皮卷尺、铅垂球测出高度。

建筑立面图应表达内容包括：建筑整体外轮廓，线条划分及造型设计；室内地坪、室外地坪、檐口、屋顶最高点等标高尺寸；门窗的尺寸及位置；墙面材料；女儿墙、勒脚、雨篷等构件。

4．建筑剖面图

单体建筑的剖面图分为纵剖面和横剖面，测量方法与测绘立面图的原理一样，不同的是剖面图要更清晰地表达出各层之间的构造关系。

建筑剖面图应表达内容包括：墙体、地面、楼面、门窗、屋顶、梁柱等的位置及其交接关系；尺寸包括高度尺寸（以 mm 为单位），标高尺寸（以室内地坪 ±0.000），宽度（或深度）尺寸；图名，比例尺。

5．大样图

包括楼梯、线脚、墙身等部分的大样。

建筑大样图应表达内容包括：建筑物关键及常见部位的构造做法、尺寸、构配件相互关系和建筑材料等。比例通常为 1∶20 或 1∶10。

2.5.3 建筑单体测绘的步骤和方法

建筑测绘应把握以下原则：先整体后局部、先内部后外部、先平面后立面。

建筑测绘的基本步骤为：观察对象→勾勒草图→实测对象→记录数据→分析整理→绘制成图，如图 2-69 所示。

下面以某学校教学楼为例，详细介绍建筑单体测绘的工作步骤。

1．前期准备

1）分组分工

现场测绘和绘图一般以"组"为单位，每组 4 ～ 6 人，1 人为组长。组长负责具体安排组员的工作内容、控制小组测绘工作的进度。工种至少分为 2 个：跑尺和记数（兼绘制草图）。每组准备皮尺和钢卷

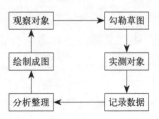

图 2-69　建筑测绘的基本步骤

图 2-70　待测建筑实
景（一）（左）
图 2-71　待测建筑实
景（二）（右）

图 2-72　待测建筑实
景（三）（左）
图 2-73　待测建筑实
景（四）（右）

尺各 1 把。小组成员相互协作、配合，共同完成测绘任务，形成一套测绘成果。

2）现场踏勘

测绘前有必要进行前期现场踏勘，以确认测绘的工作范围，了解待测主体的复杂程度，了解该建筑的外观造型、立面、内部房间组成、构造、与周边环境的协调等，获得对待测建筑的观感认识。

待测建筑实景如图 2-70 ～图 2-73 所示。

2.测量并绘制草图

1）绘制草图

测量草图是日后绘制正式图纸的依据，是第一手资料，因此其准确性和完整度是测绘图纸可靠性的根本保证。学生通过现场观察、目测或步量，在草图纸或速写本上将待测主体的平面图、立面图等图样逐一绘出，一些必要的细部也要绘出。要求布局清晰、比例适中、比例关系基本准确、线条清晰、线型区分，清楚地表达出建筑从整体到局部的形式、结构、构造节点、构件数量等。

各图样草图如图 2-74 ～图 2-76 所示。

全部草图绘制完成后，应集中对所有图纸进行一次全面的检查和核对。将草图与待测主体进行对比，确定草图没有遗漏和错误之后，方可进行下一阶段的数据测量工作。

绘制草图的工具包括：速写本、铅笔、橡皮、画夹或画板等。铅笔宜选择 HB 型号，纸张可采用有刻度的坐标纸，幅面以 A3 为宜。

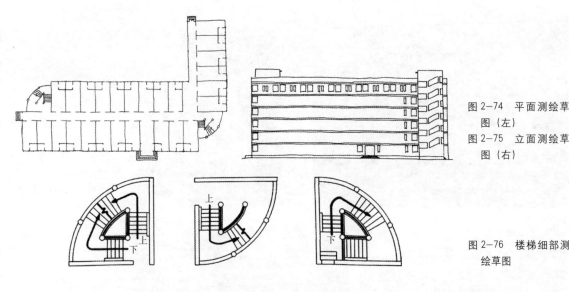

图 2-74 平面测绘草
图（左）

图 2-75 立面测绘草
图（右）

图 2-76 楼梯细部测
绘草图

2）初测尺寸

测绘时最重要的是先确定轴线尺寸，之后单体建筑的一切控制尺寸都应以此为根据。确定轴线尺寸后，再依次确定雨篷、台阶、室内外地面铺装、山墙、门窗等的位置。大部分建筑只需要皮卷尺、钢卷尺、卡尺或软尺就可以测出所有单体建筑的测绘图样。也可以使用激光测距仪，其优点是数据准确，使用方便，并且能测到一些因条件限制而人无法站立和抵达的点的距离。

测量工作中，量取数据和在草图上标注数据需要分工完成，将各图样所需要的数据同时测出，并准确标注在草图上相应位置。测量过程中，应把握"先测大尺寸，再测小尺寸"的原则，从而避免误差的多次积累。测量工具应保证摆放正确，测量水平距离时，工具应保持水平；测量高度时，工具应保持垂直；如使用的是软卷尺，应保证尺身充分拉直，并尽量克服尺身由于自身重力下垂或风吹动而造成的误差。读取数据时，应保证视线与刻度保持垂直。测量单位统一为毫米（mm）。

标注原始测量尺寸的平立面图如图 2-77 和图 2-78 所示。

3）复核尺寸

一般情况下，在完成相关数据测量后，应通过如下几个方面对数据进行核算和处理。

（1）尺寸是否符合建筑模数。建筑施工时所依据的图纸尺寸一般是符合建筑模数的，但由于误差及粉刷层等原因，所测得的尺寸往往与理想数值有一定误差。这就需要对测量所得的尺寸进行处理和调整，使之符合建筑模数标准。调整原则是尺寸就近取整，如测得实际尺寸为 1824mm，则该尺寸应被调整记录为 1800mm。

（2）尺寸是否前后矛盾。应复核各细部尺寸之和是否与轴线尺寸相符；各轴线尺寸之和是否与总轴线尺寸相符。如不相等或误差过大，应检查误差出处，必要时相关数据应重测。

（3）有无漏测尺寸。检查各部位有无漏测尺寸（尤其是关键尺寸），一旦发现，应补测，或通过其他相关数据推算得出。

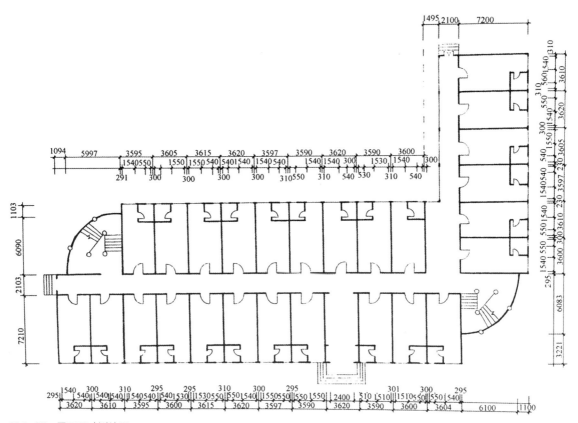

图 2-77 平面尺寸测绘图

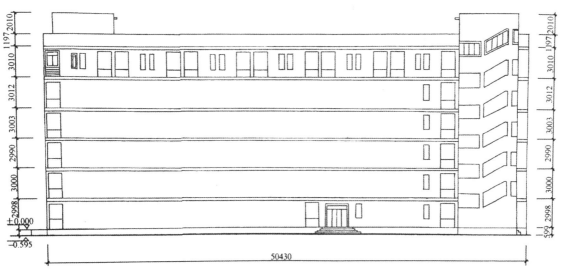

图 2-78 立面尺寸测绘图

尺寸调整后的平立面图如图 2-79 和图 2-80 所示。

4）绘制正图

测绘工作的最后一个阶段是绘制正图。一般来说，作为学生作业的测绘

图纸可以按照建筑方案图纸的要求，包含以下图样：总平面图、各层平面图、

剖面图和透视图，作为最终的测绘结果。

图 2-81 和图 2-82 所示为正式测绘图纸样例。

图 2-79　平面尺寸调
　　　　　整图（上）
图 2-80　立面尺寸调
　　　　　整图（下）

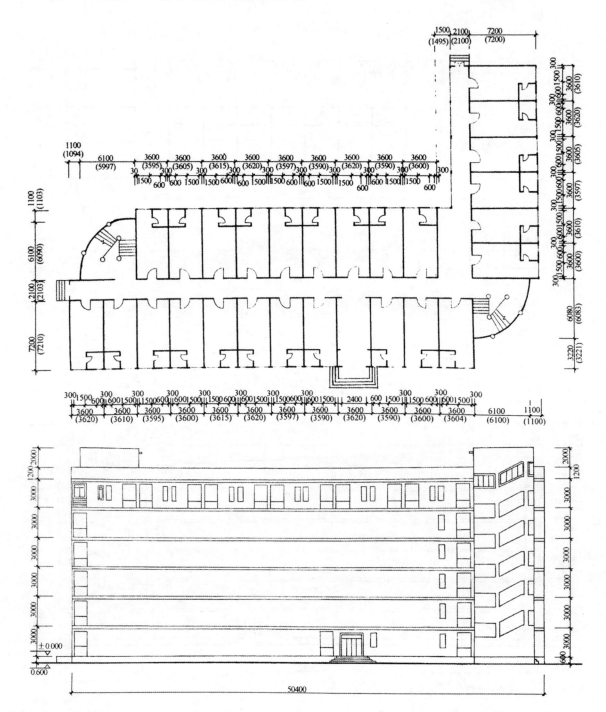

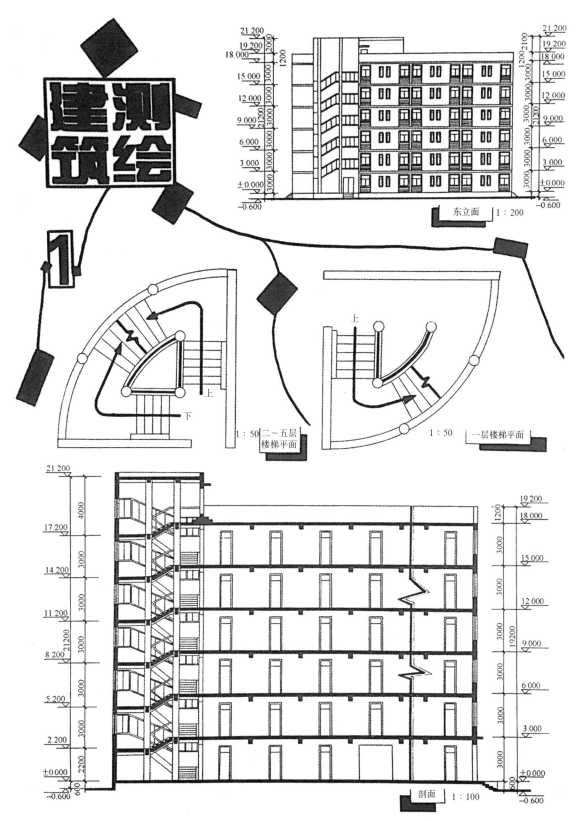

图 2-81 测绘成果（一）

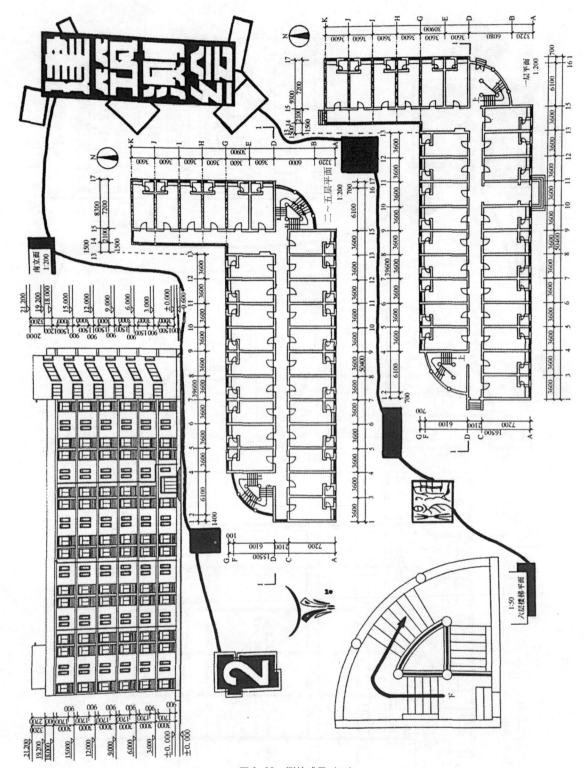

图 2-82 测绘成果（二）

3

构成设计入门

　　知识提要：构成就是将一定的形态元素，按照视觉规律、力学原理、心理特性、审美法则进行创造性的组合，重新赋予秩序，其核心是"要素重新组合"。本章主要介绍形式美的法则，并如何运用这些法则创造美的形式；介绍平面构成、立体构成和空间构成的相关内容。

　　学习目标：理解形式美学基本原则；学习构图原理，了解建筑形式美的基本法则，并会运用这些法则创造美的形式。

3.1 形的基本要素与形态的心理感受

自然界的形千变万化,形的构成方式也多种多样。我们在研究形态构成时,应从两个方面入手:一是研究形态构成的自身规律,二是找出符合审美要求的形态构成的原则。前者是形态构成的造型问题:无论人们的审美取向如何,形态构成的规律总是客观存在的,我们要研究它、发现它、利用它,从而培养、提高我们的造型能力。而后者则是形态构成的审美问题:前人总结了一些审美的原则,我们要了解它、掌握它;同时也要认识到这些原则是变化的,因为随着社会审美价值取向的不同,人们对形式的好恶也会有所不同。另外,人的审美水平是随着自身修养的提高而变化的,是个人体验积累的结果,需要付出辛勤的劳动。只有这样,我们才能灵活掌握审美的基本原则,最终提高审美的能力,这种能力是学习建筑设计必须具备的基础。现代建筑中形态构成规律的运用,如图 3-1 所示。

在自然界中,任何物体都是由一些基本要素组成的。大至构成宇宙的各种星球,小至构成物质的原子,这些"要素"按照一定的结构方式形成了无奇不有的大千世界。"要素"和"结构"是造物不可或缺的两个方面。一棵树由树叶和树干组成,树叶是"要素",树干是"结构"。那么,形态构成中的"要素"和"结构"又是什么呢?我们自然会思考这个问题。形态构成中的"要素"就是基本形以及由此分解而来的形的基本要素,而"结构"就是将这些"要素"组织起来的造型方法。

构成形态的基本要素主要包括概念要素和视觉要素两个方面。

3.1.1 形的基本要素

1. 概念要素

将任何形分解后都能得到点、线、面、体,我们把这些抽象化的点、线、面、体称为概念要素,因为它们排除了实际材料的特性,如色彩、质地、大小等。点、线、面、体之间可以通过特定的移动相互转化,如图 3-2 所示;同时大小的变化可以使面转化为点,长宽比较大时面就转化为线……如图 3-3 所示。

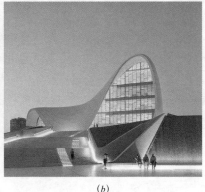

(a)　　　　　　　　　　(b)

图 3-1　现代建筑中形态构成规律的运用
(a) 弗兰克·盖里设计的华特·迪士尼音乐厅;
(b) 扎哈·哈迪德设计的阿塞拜疆共和国阿利耶夫文化中心

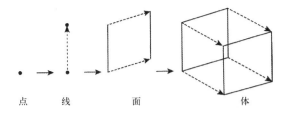

点　　　线　　　面　　　　体

图3-2　点、线、面、
　　体通过移动相互转
　　化（左）
图3-3　点、线、面通
　　过变化大小相互转
　　化（右）

这也说明了它们之间的划分也仅仅是相对的。在一定的场合下，点可以看成是面、是线或是体，反之亦然。基本要素之间复杂多变的关系，要求我们学会在不同的场合下鉴别它们。

2. 视觉要素

要使抽空的概念要素成为可见之物，必须赋之以视觉要素：形状、色彩、肌理、大小、位置、方向，在立体构成中还包括材质和材性等因素。由于视觉要素的限定，点、线、面、体可由原来的概念要素转化成为具有一定形态的基本要素。

形状：方、圆、三角等，形的轮廓外表；

色彩：红、黄、蓝、灰等；

肌理：粗糙、光滑、平坦、起伏等，简单地说就是形的表面纹理；

位置：上、下、左、右等；

方向：东、西、南、北、中等；

材质：金、木、土、石等，材料的质地；

材性：弹性、塑性、刚性、柔性、黏性等。

下面，我们将讨论点、线、面、体的一些具体情况。

1）点

形态构成意义上的点不是只有位置没有大小的抽象数学概念，它有具体的形状、大小（面积、体积）、色彩、肌理。当一个形与周围的形相比较小时，它就可以看成是一个点。点可用来标志：一条线的两端，两条线的交点，体块上的角点，一个范围的中心。在建筑设计中，一个广场中心的纪念碑可看成这个范围内的点，如图3-4所示。

点的形状：各种形状的点，当其较小时，都可看成是点。

各种形态的点以及在建筑设计中的运用，如图3-5、图3-6所示。

（1）实的点：相对虚的点而言，平面中作为图形的点，立体中较小的实块都是实点。

（2）虚的点：指平面构成的图底转换而形成的点；立体构成中实块的虚空处理较小时，也能看成虚点。

（3）线化的点：距离较近的点，呈线状排列时，间隔之间似乎有了引力，点的感觉弱化，变成了线的感觉。

（4）面化的点：一定数量的点在一定范围内密布就具有面的感觉。

图 3-4 圣彼得大教堂
前广场

  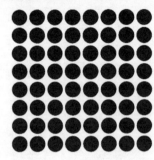

实点　　　　虚点　　　　线化的点　　　　　　面化的点

图 3-5 各种形态的点

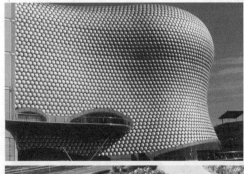 

图 3-6 建筑景观设计
中的点元素

2）线

任何形的长宽比较大时，就可以视为线，如图 3-7 所示。线与面、体的区别是由其相对的比例关系决定的。线可看成是点的轨迹，面的交界，体的转折，线的形状有直线、折线和曲线三种，如图 3-8 所示。

各种形态的线：

（1）实线：平面和立体实在的线。

（2）虚线：图形之间线状的空隙。

（3）面化的线：大量的线密集排列就形成了面的感觉。

（4）形体交接而形成的线：面的交接或体的交接都能形成线。

（5）体化的线：在三维空间里，一定数量的线排列或围合成体状具有体的感觉。

如图 3-9～图 3-11 所示。

3）面

面可以是二维的，也可以是三维的（当一个体较薄时就被看做是面）。面可视为线移动的轨迹或围合体的界面，面有直面和曲面两种。线移动产生面，例如：古典建筑设计中常用列柱的方式构造柱廊，形成较强的光影与虚实对比。这可以看成由线构成的较虚的面，如图 3-12 所示。

各种面的形态，如图 3-13 所示。

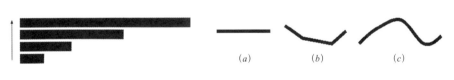

图 3-7 形的长宽比与
　　　线的感觉（左）
图 3-8 线的形状（右）
（a）直线；
（b）折线；
（c）曲线

密布的线产生面的感觉。

图形的空隙产生虚线（图底转换）。

面的交接能产生线。

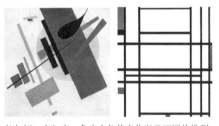

长与短、宽与窄、角度方位的变化以及不同的排列，使不同的线产生趣味的组合。

图 3-9 各种形态的线
　　　（左）
图 3-10 线的组合（右）

图 3-11 设计中的线
　　　元素

图 3-12　古典建筑设
　　　　计中线移动产生面

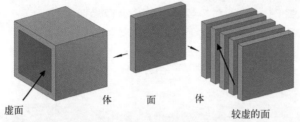

图 3-13　各种面的形态

图 3-14　旧金山圣玛
　　　　丽大教堂

（1）实面：二维和三维中实在的面。

（2）虚面：平面构成的"底"经过图底反转可视为虚面，立体构成中的
虚面则可通过对体块的处理得到。

（3）线化的面：当面的长宽比较大时，面就转化成线。

（4）体化的面：由各种面围合或排列就能形成体的感觉。

Pietro Belluschi & Pier Luigi Nervi 在 20 世纪 70 年代设计的旧金山圣玛丽
大教堂，巧妙运用了面的要素。通过屋檐板、墙板等的水平、垂直及曲化的安
排，创造了简洁而富于变化的效果，如图 3-14 所示。

4）体

我们日常接触的多数物体都是体块状的。由于其外表及轮廓的不同，使
体的形态千变万化。将体的形态对应于二维的点、线、面，可划分为块体、线

体、面体，这是由于体的长宽高的比例不同给我们带来的不同感受。体的基本类型有直面体和曲面体，二者的区别是：前者有明确的交线、交点，后者却没有，如图 3—15 所示。

在建筑设计中，大量运用体的造型。Daniel Libeskind 设计的旧金山当代犹太博物馆，运用了直面体的组合；福斯特建筑师事务所设计的瑞士再保险总部大楼，运用了曲面体的构成。如图 3—16、图 3—17 所示。

各种形态的体：

（1）实体：完全充实的体，或至少表面的感观如此。

（2）点化的体：当体的长、宽、高比例大致相当，并且与周围的环境相比较小时，体就被视为点。

（3）线化的体：当体的长细比较大时可视为线体，大量的线体集中时也能变成体，比如建筑中束柱的处理就是如此。

（4）面化的体：当体的形状较扁时，就可以视为面。

从前面的各种图解中可看到，点、线、面、体的相互关系是非常紧密的，没有绝对的点、线、面、体，只有根据环境确定的相对关系。由丁它们相互之间的转化造就了丰富的形态关系：比如，一个点经过排列成为一条线，再经过阵列成为面，等等。在实际生活中人们经常运用这些原理，尤其在建筑设计中，这样的例子屡见不鲜。把握了它们之间的关系，对形态有了这样的基本认识，就能够热练地运用它们的基本关系去处理许多形体问题，我们对形态构成的理解也就更进一步（图 3—18）。

图 3—15　直面体和曲面体

图 3—16　旧金山当代犹太博物馆（左）

图 3—17　瑞士再保险总部大楼（右）

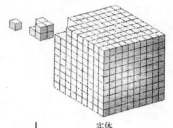

实体　　　　　较虚的体　　　　　很虚的体

较小的体块被视为点。众多的"点"形成虚实感不同的体。

点？　　　　线？　　　　面？

体块的点、线、面形状是由其比例
关系决定的，比例的不同造成了实
体的点、线、面、体相互转化。

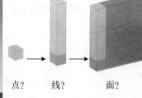

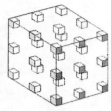

图 3-18　拉斯维加斯的世界市场中心（World Market Center Las Vegas），采用了方、圆、斜面等多种块体的组合

圆片状的阳台形成若干组柱状体（具有垂直线的感觉），
然后，由这些柱状体围合成更大的圆柱体。

柱子被视为线，围成一圈柱廊，成为上下部分的衔接过渡。

车库的楼板被设计成圆片状，层层叠加，成为一个巨大
的圆柱体底座。楼板的边缘所体现的水平面弧线同上面
的垂直状体形形成对比。

图 3-19　Marina City Flats 综合楼

Goldberg & Assocs设计的Marina City Flats综合楼,在造型设计中充分运用线、面、体的相互转化关系，使一个简单的圆柱体被塑造得丰富有变化（图3-19）。

作为建筑设计语汇中的三维要素，体既可以是实体，即用体量替代空间；也可以是虚体，即由面所包围或围合的空间。如图3-20所示。

体的形态多变，不同形态的体，给人的感受亦不同。

图3-21、图3-22归纳了点、线、面、体在一般情况下的转化关系。说明了即使是简单的形体也能用完全不同的方法、方式去表达。同一正方体就可以

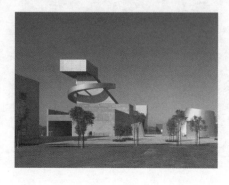

图 3-20　形态多变的体

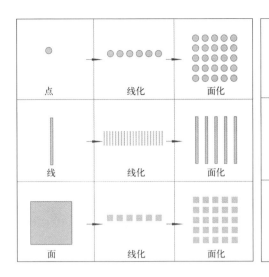

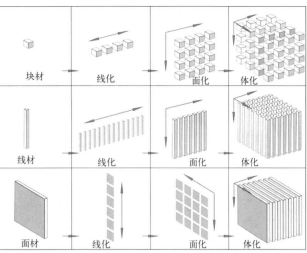

分别通过块材、线材、面材的组合而实现，如图 3-22 所示。将这些方法综合运用还能得到意想不到的效果。

图 3-21 二维的点、线、面及相互转化（左）

图 3-22 三维的点、线、面及相互转化（右）

3.1.2 形态的心理感受

对形态的心理感受往往有量感、力感和动感、空间和场感、肌理和质感、错觉和幻觉、方向感等方式。

1. 量感

就是对形态在体量上的心理把握。形的轮廓、颜色、质地等都会影响人们对形的量的感受、判断（图 3-23）。

2. 力感和动感

由于实际生活中对力、运动的体验，使我们在看到某些类似的形态时会产生力感和动感（图 3-24）。例如，弧状的形呈现受力状，产生力感；倾斜的形产生运动感，如图 3-25 所示。

3. 空间和场感

场感是人的心理感受到的形对周围的影响范围。由于这种心理感受，使我们产生了空间感。空间感必须以体形作为媒介才能产生，完全的虚空并非我们构成意义的空间（图 3-26）。

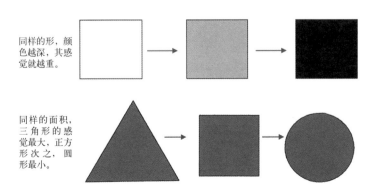

同样的形，颜色越深，其感觉就越重。

同样的面积，三角形的感觉最大，正方形次之，圆形最小。

图 3-23 量感

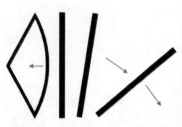

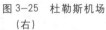

图 3-24　力感和运动
　　感（左）

图 3-25　杜勒斯机场
　　（右）

Saarinen 设计的杜勒斯机场。斜向的柱和弧面的屋顶使人感到强烈的力感和动感。

图 3-26　不同的形状
　　及围合程度产生不
　　同的空间及场感

4. 肌理和质感

质感是人们对形的质地的心理感受。如石材——坚硬，金属——冰冷，木材——温暖……各种材质能给我们带来软、硬、热、冷、干、湿等丰富的感觉。通过对形的表面纹理的处理，可以产生不同的肌理，创造极为多样的视觉感受。同样材质的形，也会由于不同的肌理处理产生极其悬殊的视觉效果（图 3-27、图 3-28）。

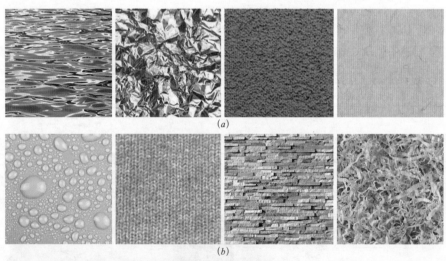

(a)

(b)

图 3-27　质感和肌理
(a) 质感；*(b)* 肌理

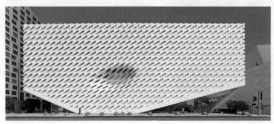

建筑设计常常运用质感与肌理的效果来表现其表观。本建筑通过布满斜向孔洞的外墙材料组合，形成具有规整的肌理效果的建筑立面。说明简单的要素可以通过一定的排列方式产生特定的肌理。

图 3-28　肌理在建筑
　　立面上的运用

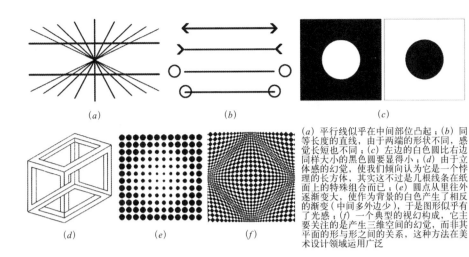

(a)   (b)   (c)

(d)   (e)   (f)

(a) 平行线似乎在中间部位凸起；(b) 同等长度的直线，由于两端的形状不同，感觉长短也不同；(c) 左边的白色圆比右边同样大小的黑色圆要显得小；(d) 由于立体感的幻觉，使我们倾向认为它是一个悖理的长方体，其实这不过是几根线条在纸面上的特殊组合而已；(e) 圆点从里往外逐渐变大，使作为背景的白色产生了相反的渐变（中间多外边少），于是图形似乎有了光感；(f) 一个典型的视幻构成，它主要关注的是产生三维空间的幻觉，而非其平面的形与形之间的关系，这种方法在美术设计领域运用广泛

图 3-29　错觉和幻觉实例

5. 错觉和幻觉

错觉是人们对形的错误判断，幻觉是由形引起的人的一种想象（图 3-29）。二者有细微的差别。古希腊的帕提农神庙就利用了视错觉，它立面上的柱子都微微向中央倾斜，使建筑显得更加庄重，如图 3-30 所示。

6. 方向感

有运动感、力感的形体能体现出方向感，但反之却不尽然，有方向感的形体不一定体现出运动感和力感。方向感的产生与形体的轮廓有直接的联系；当各个方向上的比例接近时，形体的方向感较弱，反之则较强。

在建筑设计中，可以利用方向感的原理来强化或减弱形体的轴线方向、序列等要素。当需要停顿时可采用无方向或方向性较弱的圆形、正方形等，否则，就可以采用方向性较强的长方形等（图 3-31）。

图 3-30　帕提农神庙（纳什维尔）复制品

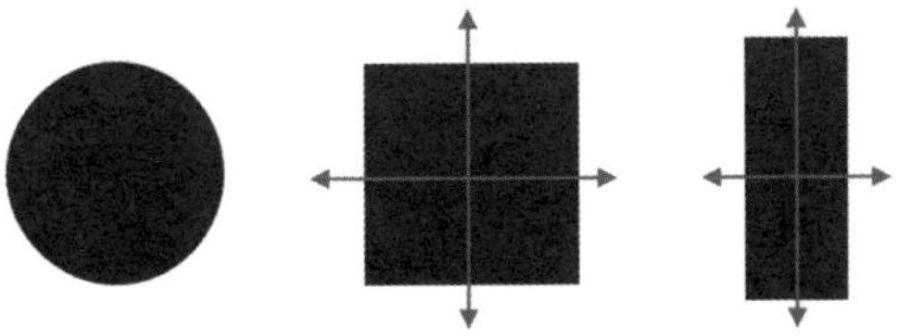

圆形的外轮廓处处一样，没有方向感；正方形的四边相等，因此两个方向的方向感也相等，没有主次之分，方向感较弱；长方形的方向感：短向的方向感较弱，长向的方向感较强。

图 3-31　方向感

3.2 建筑形式美的法则

3.2.1 形式美的基本原理

对于人们来说，建筑具有物质与精神享受的双重作用。所以，除使用功能外，一个建筑给人们以美或不美的感受，在人们心理上、情绪上产生某种反应，存在着某种规律。建筑形式美法则就表述了这种规律。建筑物是由各种构成要素如墙、门、窗、台基、屋顶等组成的。这些构成要素具有一定的形状、大小、色彩和质感，而形状（及其大小）又可抽象为点、线、面、体（及其度量），建筑形式美法则就表述了这些点、线、面、体，以及色彩和质感的普遍组合规律。在组织上具有规律性的空间形式，能产生秩序井然的美感，且秩序的特征取决于规律的模式，规律越单纯，表现在整体形式上的条理越为严谨，反之若规律较为复杂，则表现在整体形式上的效果越为活泼，但是复杂过度则表现为杂乱。运用适度的规律可以取得完整而灵活的效果。

不论传统建筑还是现代建筑，都遵循着一个共同的形式美学基本原则——多样统一。所谓多样统一也称有机统一，简单说就是在统一中求变化，在变化中求统一。和谐就是多样统一的具体表现。"多样"是整体各个部分在形式上的区别与差异，"统一"则是指各部分在形式上的某些共同特征以及它们之间的某种关联、响应和衬托的关系。任何造型艺术，都由若干部分组成，这些部分之间应该既有变化，又有秩序。如果缺乏多样性的变化，则势必流于单调，而缺乏和谐与秩序，则必然显得杂乱。由此可见，欲达到多样统一以唤起人们的美感，既不能没有变化，也不能没有秩序。由多样统一这个基本的美学原则产生出对比、均衡、统一、节奏、韵律、比例等构成的基本规律。

3.2.2 建筑形式美的法则

1. 对称与均衡

对称与均衡是构成中运用最广泛和古老的内容。对称即中轴线两边或中心点周围各组成部分的造型、色彩完全相同。均衡则是视觉上的稳定和平衡感。对称与均衡容易获得整个画面的完整统一，但过度对称与均衡容易显得单调呆板。如图3-32所示，为中国传统的四进四合院式住宅的平面布局，建筑沿轴线对称展开，以院落的形式组织建筑空间，体现出等级分明、秩序井然和雍容大度的气质。图3-33所示为清华大学图书馆，使用了多重对称的设计手法，主要部分和次要部分均为对称布局，给建筑布局增加复杂性和等级感，还能适应功能上的实际需要和环境要求。

2. 对比与调和

对比是两者或多者之间的比较，例如大小、虚实、轻重等。对比的目的是打破单调，是从矛盾的因素中获得良好的视觉效果。调和是两种或两种以上的物质或物体混合成一体，彼此不发生冲突。就形式美而言，对比和调和都是不可缺少的，对比可以借彼此之间的不同烘托陪衬，进而突出各自的特点以求

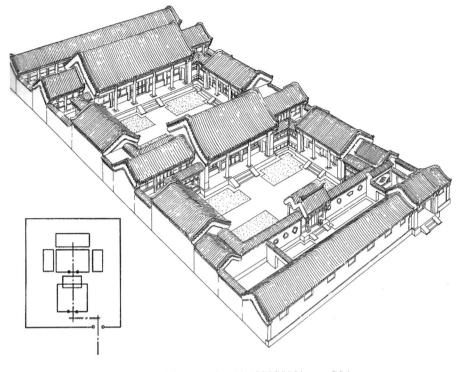

图 3-32 中国传统四
合院式住宅对称的
平面布局

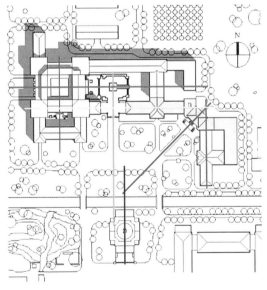

图 3-33 清华大学图
书馆多重对称产生
均衡感

变化，调和则可以借助相互之间的共同性求得和谐，如图 3-34 所示。

在建筑设计领域，无论是单体还是群体、整体还是局部、内部空间还是外部形体，为了求得变化和统一，都离不开对比手法的运用。空间尺度的大与小、空间形态的曲与直、空间照度的明与暗、空间围合界面的质感与色彩等的对比在古今中外的优秀建筑实例中都得到了广泛的应用。

建筑造型设计中的对比，具体表现在体量的大小、高低、形状、方向、线条曲直、横竖、虚实、色彩、质地、光影等方面。在同一因素之间通过对比，相互衬托，就能产生不同的形象效果。对比强烈，则变化大，感觉明显，建筑中很多重点突出的处理手法往往是采取强烈对比的结果；对比弱，则变化小，易于取得相互呼应、和谐、协调统一的效果。因此，在建筑设计中恰当地运用对比的强弱是取得统一与变化的有效手段（图 3-35）。

　　方向性的对比通过对组成建筑各部分前后、左右和上下关系的变化来表达，并给人以一种横向、竖向和纵深向的感觉。方向性对比是最基本也是最常用的对比手法，如图 3-36 所示。

尺寸对比　　　　　　　　形状对比　　　　　　　　位置对比

图 3-34　对比突显视觉重点

佛罗伦萨景象，大教堂在城市景观中占有支配地位。

图 3-35　佛罗伦萨景象

图 3-36　建筑师奥斯卡·尼迈耶设计的巴西议会大厦

巴西议会大厦在构图上有横向与竖向的对比，在体形上有曲与直、高与低、正与反的对比，在材料上有钢筋混凝土与玻璃等材料的对比。

3. 节奏与韵律

节奏与韵律本来是音乐上的概念，体现在建筑、雕塑、绘画和装饰等不同的视觉艺术形式中，是指有规律的重复出现和有秩序的变化，从而激发人们的美感。形体按一定的方式重复运用，这时作为基本单元的形感觉弱化，而整体的结合形态就产生了节奏感。如图3—37～图3—39所示，有如下的几种节奏方式：

重复：同一基本单元形以同一方式反复出现，如简单的同形等距排列、加上基本单元形的大小变化或间距变化或颜色变化等的重复。

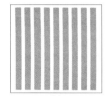

重复

渐变

韵律

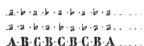

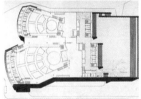

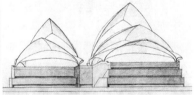

由弗朗西斯科·博洛米尼所作的某巴西利卡内部立面研究。同一主题重复使用产生节奏与韵律。

图3—37 节奏的方式（左）

图3—38 巴西利卡内部立面研究（右）

建筑师约翰·伍重设计的悉尼歌剧院。同一主题微差变化产生节奏与韵律。

图3—39 悉尼歌剧院

渐变：基本单元的形状、方向、角度、颜色等在重复出现的过程中连续递变。渐变要遵循量变到质变的原则，否则会失去调和感。渐变可避免简单重复产生的单调感，又不至于产生突发的印象。

韵律：韵律是指按一定规则变化的节奏。根据不同的组织方法能产生多种表现形式：如舒缓、跃动、流畅、婉转、热烈等。

4. 比例与尺度

比例是形体之间谋求统一或均衡的数量秩序。在造型艺术中，比例关系是否和谐十分重要，和谐的比例可以给人美感。比例是一个整体中部分与部分之间、部分与整体之间的关系，体现在建筑空间中，就是空间在长、宽、高三个维度之间的关系。所谓推敲比例，就是指通过反复斟酌而寻求三者之间的最佳关系。整体形式中的一切有关数量的条件，如长短、大小、高矮、粗细、厚薄、轻重等，在搭配得当的原则下，即能产生良好的比例效果。

古希腊的毕达哥拉斯学派认为，万物最基本的因素是数，数的原则统治着宇宙中的一切现象。该学派认为和谐就是美，并由此推广至建筑、雕刻等造型艺术中去，探求什么样的数量比例关系才能产生美的效果，著名的"黄金分割"就是由这个学派提出来的。如图3-40所示为数学上的"黄金分割比例关系"，古希腊人发现，在人体比例中，黄金分割起着决定性的作用，他们在庙宇建筑中运用了这些相同的比例。文艺复兴时期的建筑师也在他们的作品中探索了黄金分割。近代建筑大师勒　柯布西耶的模度体系同样以黄金分割为基础建立，黄金分割在建筑中的应用甚至一直延续今。

希腊雅典的帕提农神庙正立面设计，运用了黄金分割划分比例，如图3-41、图3-42所示。两张分析图在设计之初都是把该立面放入一个黄金分割矩形中，通过两张分析图证明了运用黄金分割的方法不同，对正立面的尺寸及各构件的分布等分析效果也不同。

尺度则是指整体和局部之间的关系及其与环境特点的适应性问题。比例和尺度都涉及建筑要素的度量关系，不同的是比例是讨论各要素之间相对的度量关系，而尺度讨论的则是各要素之间绝对的度量关系。建筑上所涉及的尺度是指建筑物的整体或局部给人感觉上的大小印象与其真实大小之间的关系。在

图3-40　黄金分割比例（左）

图3-41　帕提农神庙正立面设计（右）

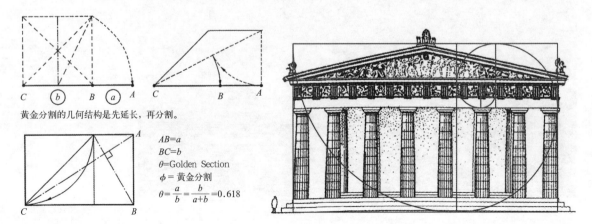

黄金分割的几何结构是先延长，再分割。

$AB=a$
$BC=b$
$\theta=\text{Golden Section}$
$\phi=$黄金分割
$\theta=\dfrac{a}{b}=\dfrac{b}{a+b}=0.618$

形式美学中，尺度是一个与比例既相互联系，又有区别的范畴。比例主要表现为各部分数量关系之比，是一种相对值，可以不涉及具体尺寸，而尺度却要涉及真实的大小和尺寸。

另一方面，尺度并不就是指要素的真实尺寸，而是给人感觉上的大小印象和其真实大小之间的关系，也就是常说的尺度感。要使建筑物能体现良好的尺度，首先是把尺度单位引到设计中去，使之产生尺度。这个尺度单位的作用，就好像一个可见的尺杆，它的尺寸人们可以简易、自然和本能地判断出来。

人体是所有建筑物真正的测量标准，如图3-43所示。建筑为人所建、为人所住，在其建造与居住过程中，人体尺度与人的活动是决定建筑物形状、大小的主要因素。具有纪念性尺度的建筑物，常通过使用较大的尺度，让使用者感到渺小；而小巧、亲切的尺度，能够形成舒适宜人的空间氛围。

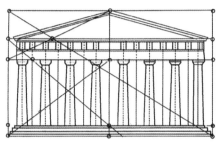

帕提农神庙，雅典，公元前447年～公元前432年

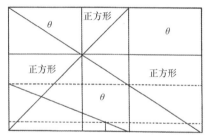

$$\frac{AB}{BC} = \frac{BD}{AB} = \frac{AD}{BD} = \frac{AE}{AD}$$

图3-42 帕提农神庙立面比例分析

图3-43 人体是衡量建筑尺度的标尺

5. 多样统一

这种方法是形式美原则的主要内容。多样统一意味着调和，就是要求形与形之间既要有不同的要素加以区别，又要有共通的要素加以沟通，从而形成完整的新形。如图 3-44 所示，达到统一的具体的手法有：

同一：以共同的要素形成统一。

变异：以异质的要素互相衬托形成统一。

统摄：通过主体形式的强势支配全局或附属形体。可以通过大小、多寡、明暗、虚实、远近等处理方法达到目的。

至于变化的方法，要从形的基本要素着手，即从形的形状、颜色、肌理、位置、方向等入手。另外，还可以从形的结构方式去寻找变化的方法。

同一

变异

统摄

图 3-44　统一的手法

3.3　平面构成

3.3.1　平面构成的形态要素

平面构成是研究二维空间内造型要素的视觉特性、形与形、形与空间的相互关系、形的特性与变化。它具有分析性与逻辑性，图形富有秩序感和机械美。平面构成的核心是使基本形依一定骨骼关系和美学法则进行编排，创造美的图形。

平面构成的基本形态要素是点、线、面。

1. 点的构成

与几何点不同，可有一定大小与形状，但不宜过大或包容其他形，以免产生面的感觉。如图 3-45 所示。

2. 线的构成

在平面构成中，线既有长度，也可以具有一定的宽度和厚度。线具有多种视觉特征：直线偏静态、理性；水平线平和、安宁；垂直线硬挺、庄重；曲线柔美、自由；斜线运动、速度感。

线可有一定宽度与不同线型，利用长度、粗细、线型、间距、排列方式的变化，构成各种图形或产生空间感。等距离密集排列的线形成面的效果；不同粗细、疏密变化的线可以产生空间透视感；线的排列还可以制造立体效果等。如图 3-46 所示。

3. 面的构成

面的特征是形状。主要构成方式为面的分割与面的集聚两大类，如图 3-47 所示。

（1）面的分割，研究面以线为界分割后的形状与大小的构成关系及在不同分割面上施色的视觉效果。其方法有等形、等量分割，按比例、数列分割及自由分割等（图 3-47a ~ 图 3-47e）。

（2）面的积聚，以基本面形为基础延展组合，可同形组合或异形组合，构成方式有并置与叠置两大类（图 3-47f、图 3-47g）。

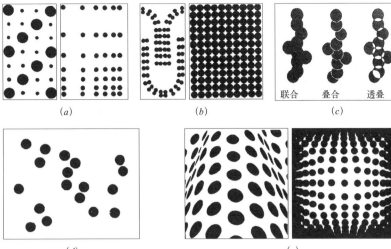

(a)

(b)

(c)

(d)

(e)

图 3-45　点的构成

(a) 分离构成（等距和不等距）；
(b) 接触构成（线化和面化）；
(c) 重叠构成；
(d) 自由构成；
(e) 点大小、形、间隔变化产生体积、空间、光影感

线型变化　　　　改变粗细与正负　　　　曲线

(a)

方向改变　　　　改变粗细　　　　变线型

(b)

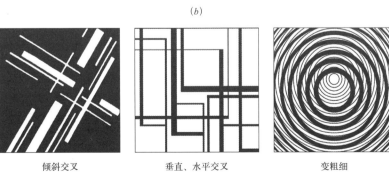

倾斜交叉　　　　垂直、水平交叉　　　　变粗细

(c)

图 3-46　线的构成

(a) 线的分离构成；
(b) 线的连接构成；
(c) 线的交叉构成

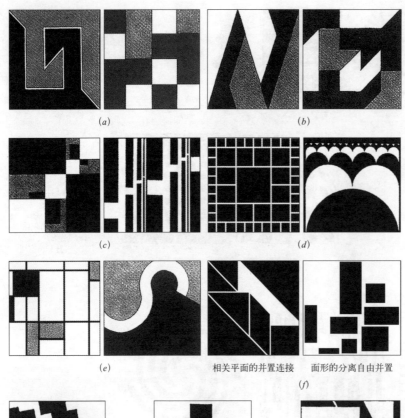

(a)

(b)

(c)   (d)

(e)   相关平面的并置连接   面形的分离自由并置
                                          (f)

面与面叠合为新形   叠置重合部分透明或设色   交错叠置产生前后空间感
             (g)

图 3-47　面的构成
(a) 等形分割：分割后相邻形可选择地合并；
(b) 等量分割：分割后单位形可不同、面积相等；
(c) 渐变分割：按一定比例或数列关系分割；
(d) 相似形分割：可用一种或几种相似形；
(e) 自由分割：排除数学规则，但有共通要素；
(f) 面的并置构成；
(g) 面的重置构成

3.3.2　平面构成的形式规律

常见的平面构成的形式规律有重复、渐变、特异、对比、近似、发射、密集、肌理、错视、图底关系等。

1. 重复形式

重复是指同一形态连续、有规律地反复出现。重复的视觉效果使形象秩序化、整齐化、和谐而富于节奏感。重复这种构成形式在设计应用中极其广泛，给人以壮观、整齐的美，如建筑立面上整齐排列的窗户、阳台，室内地面的瓷砖等（图 3-48）。

2. 渐变形式

渐变是指基本形在循序渐进的变化过程中，呈现出阶段性秩序的构成形式，反映出运动变化的规律（图 3-49）。

3. 特异形式

特异是指在有序的关系中，有意违反秩序，使得少数个别要素显得突出，从而打破规律性的构成手法。特异在视觉上容易形成焦点，打破单调的局面，表达的是"万绿丛中一点红"的意境。特异的构成手法在使用时应注意特异成分在构图中的比例控制（图3-50）。

4. 对比形式

对比是指形象与形象之间，形象与背景之间存在着明显的相异之处，在相互对照中显示或突出各自特性。对比有程度之分，轻微的对比趋向调和，强烈的对比形成视觉的张力。对比手法在使用时应注意统一的整体感（图3-51）。

5. 近似形式

近似是指有相似之处的形体之间的构成。平面构成的近似可以是形状、大小、色彩、肌理等的近似。"远看如出一辙，近看千变万化"，有相似之处的形体在于"变化"与"统一"之中进行组合，是近似的特征。近似手法在使用时应注意掌握好形与形的相似程度（图3-52）。

6. 发射形式

发射是一种特殊的重复或渐变。其特征有两点：第一，发射必须有明确的中心并向四周扩散或向中心聚集；第二，发射有一种空间感或光学的动感，以一点或多点为中心，呈向周围发射、扩散等视觉效果，具有较强的动感及节奏感。某些以点为中心的发射也是中心对称的一种（图3-53）。

重复

骨格线：按相同比例重复编排，将空间分成相同的骨格单位。改变骨格单位比例、骨格线方向，使骨格线弯折、联合或加密，可得不同形式之重复骨格。

基本形：使用一个基本形于重复骨格中，因其方向、位置、正负连接、图底转换而取得各种视觉效果。

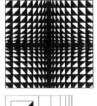

渐变

骨格线：按照一定数学规律作不同疏密变化，可为单位渐变，也可使骨格线同时双向变动。

基本形：其形状、大小、方向、位置、色彩、肌理都可渐变。可把基本形纳入骨格中，或将渐变骨格单位填色而构成。

图3-48　重复形式（左）
图3-49　渐变形式（右）

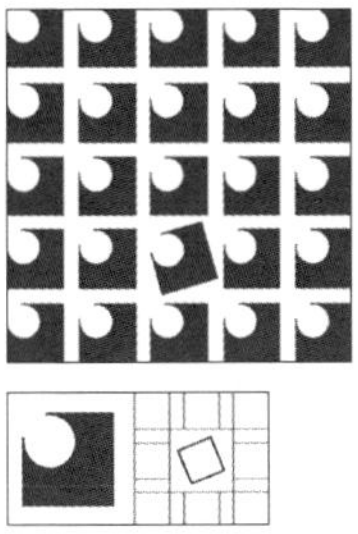

特异

骨格线：一般用重复骨格，在基本形中纳入少量特殊基本形，也可使骨格线特异。如重复—特异—重复，等等。

基本形：使重复的基本形在形状、大小、色彩、肌理、位置、方向等方面作改变。

注：肌理是形（物体）的表面纹理处理。

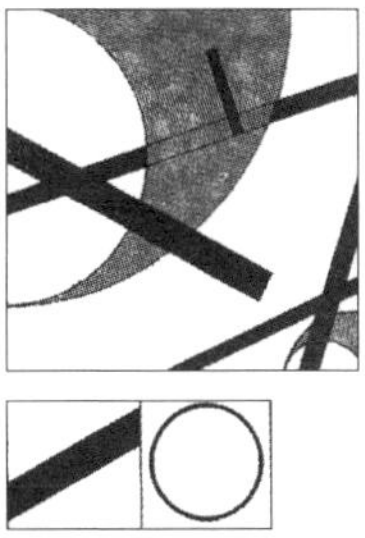

对比

包括以基本形和空间的虚实、有无的对比；不同基本形的对比；以线为基本形与空间、重心等的对比。

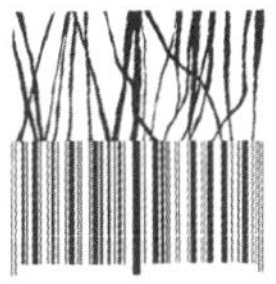

直线与曲线、细线与粗线等产生对比

图3-50　特异形式（左）
图3-51　对比形式（右）

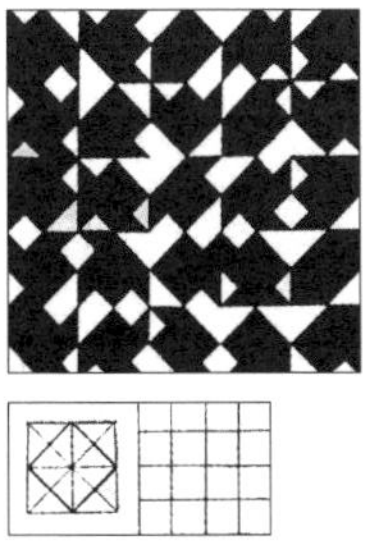

近似

骨格线：骨格单位不重复而相似，也可将重复骨格分条差位。还可由视觉决定其编排。

基本形：基本形之间保持各自的近似效果，取得近似基本形的方法可用类别相关、联合或减缺、骨格空间变形、基本形择取等。

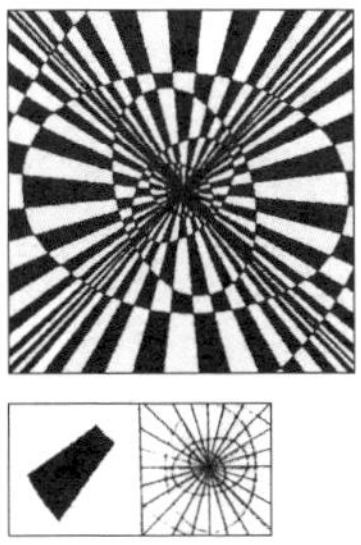

发射

骨格线：由发射点和发射线组成，有离心式、向心式、同心式。它们可相互叠合，也可同重复、渐变骨格组成复合式发射骨格。

基本形：重复骨格中纳入单一辐射状基本形、或在发射骨格单位中填色。

图3-52　近似形式（左）
图3-53　发射形式（右）

7. 密集形式

数量众多的基本形在某些地方密集，而在其他地方稀疏，聚、散、虚、实之间常带有渐移的现象就是密集。最密的地方和最疏的地方常常成为整个视觉设计的焦点。密集手法在使用时应注意，密集的基本形面积较小、数量较多才有效果，如果基本形大小差别太大就成为对比形式（图 3-54）。

密集
骨格线：重复、渐变、发射骨格都可，或按视觉非规律性骨格编排基本形。
基本形：可使基本形作大小、近似变化，也可用覆叠、透叠、重叠等方法以加强密集的空间感。

图 3-54　密集形式

8. 肌理构成

"肌"可以理解成原始材料的质地，"理"可定义为纹理起伏的编排。肌理就是物体的色泽、质地、纹理的编排。看到"肌理"我们能够联想到干涸土地粗糙的肌理，光滑丝绸织物的肌理，小孩弹指可破的皮肤肌理，老人满脸沧桑的皮肤肌理，中国传统陶器粗糙的表面肌理，瓷器窑变产生的"冰裂纹"，玻璃器皿光滑透明的质感，中国书法中的"飞白"技法，木版画、丝网版画、石版画以及铜版画不同的肌理效果等。自然界中有各式各样的不同肌理，随着科技的发展和许多新材料的出现，我们还能感受到自然之外的人造物肌理之美。肌理构成是指自然物及人造物所具有的视觉、触觉形态，它是各种物体表面所具有的特性，通过将物体本身具备的肌理特性进行相应的构成设计就是肌理构成。

肌理一般分为视觉肌理和触觉肌理。视觉肌理是指物体表面特征的描述，一般是用眼睛看，而不是用手触摸的肌理。"形"和"色"是视觉肌理构成的重要因素。肌理的表现手法有多样，如用铅笔、钢笔、毛笔等都能形成各自独特的肌理痕迹；也可以用画、喷、洒、浸、染、淋等手法制作。使用的材料也很多，如木头、石头、玻璃、油漆、纸张等。用手抚摸有凹凸感的肌理为触觉肌理。光滑的肌理给人以细腻滑润的手感，木质、岩石的肌理给人以纯朴、无华的感觉，使人恬静（图 3-55）。

9. 错视构成

错视构成是当观察某一物体时，由于其他的因素干扰、不当的参照物或基于经验的判断与感知所引起的非客观的现象。结果会产生如长短的差异、高

视觉肌理　　　　　　　　触觉肌理　　　　　肌理构成在建筑表面的运用　图 3-55　肌理构成

矮互换、冷热混乱、曲中见直、静止图像运动、空间错乱、虚幻的空间的真实化等现象。常见的错视构成是因参照物的不同而形成的，如火车的行驶、镜子里的空间、多维空间的楼梯等（图3-56）。

错视

图3-56 错视构成

10. 图底关系

图，代表图形；底，代表画面中的背景部分。通常在视觉上有凝聚力、前进性的"形象"，容易成为"图"；相反，起陪衬作用、具有后退感、依赖图而存在的部分成为"底"。图与底的关系可以理解为正负形的关系，图为正形，而底则为负形。"图"与"底"的关系是辩证的，两者常可以互换。无论是西方的鲁宾杯还是中国的太极图，都包含了这种图底关系的辩证思想，城市规划的建筑实体空间与广场、道路空间往往成为可以互换的图底关系（图3-57）。

鲁宾杯　　　　　阴阳互易——太极图　　意大利罗马的图底关系图　　意大利坎波广场的
　　　　　　　　　　　　　　　　　　　　　　　　　　　　　　　　　　图底关系图

图3-57 图底关系

3.4 立体构成

3.4.1 立体构成的形态要素

点、线、面、体是立体构成的形态要素。立体构成中的点、线、面、体处于相对连续、循环的关系。例如，"点"按一定方向连续下去，就会变成"线"；而把"线"横向排列又会变成"面"；把"面"堆积起来就成为"体"。"体"也是相对的，例如一幢幢建筑是体，但在站在整个城市角度看却只能是"点"。

立体构成中的"点"是平面构成中"点"的三维化，点材一般要和线材、面材和块材一起构成立体造型；线以长度单位为特征，有空间感和较强的表现力，犹如人的骨骼；面是指面积比厚度大得多的材料，具有延伸感和充实感，犹如人的皮肤；块则指具有长、宽、高三度空间的量块实体，具有体量感的造型形式，视觉效果很强，犹如人的肌肉。

3.4.2 立体构成的基本方法

立体构成即三维空间形态构成，没有一条固定的轮廓线可以表现其全貌，需研究其三个向度，从不同方位、角度去认知。立体形态要通过材料表现，对于不同的材料，有不同的视觉、心理感受效果。实体形态构成的同时，限定出一定的虚体形态，即空间形态。实体形态被感知的是实体自身，构成特点是以有限的实体向无限空间进行组合。空间形态是靠实体间相互作用而被感知的虚像，构成特点是从无限空间借助有形实体作有限的界定。

立体构成常用的基本方法按照构成材料的形状分为线材构成、面材构成、块材构成和综合构成（表3-1）。

立体构成的基本方法　　　　　　　　　　　　　　表3-1

基本方法	内容	备注
线材构成	线材形状有长短、方圆、曲直、粗细之分，材质上有刚性与柔性材料之分，可表达轻巧、紧张等不同表情，以及速度和通透感等效果。线材之间的空隙在构成中起着重要作用，应注意空隙的安排	连续线材构成 单位线材构成 杆材形状及排列方式变化 线群构成
面材构成	面材具有扩张感，以其形状、大小为主要特征。不论是平面还是曲面，均具有比线材更明确的空间占有感。在立体形态构成中，面材具有分割和围合限定空间的重要功能	单一连续面材构成——折叠和翻转 单位平直面构成——层面组织 面材的插接构成 面材对空间的限定构成
块材构成	块材因其实体而具有重量感与体量感。体块构成的基本方法是分割和聚集（有时，这两种方式结合使用）。形态的创造不仅要注意增加或减少的某些部分，更应注重构成整体的统一和和谐完整	块材的分割 块材分割和聚集 单位块材聚集构成
综合构成	综合采用线材、面材和块材任意两种或三种进行构成的方式。综合构成应注意将不同材料的特质合理使用，以达到整体的和谐统一，同时注意不同材料的搭配、连接方式，可以选择粘合、捆绑、插接等方式	综合运用

1. 线材构成

运用线状材料构成的空间形态称为线立体构成，如图3-58所示。线材的表现力很强，能确定形体方向和骨架，也能成为结构本身。线状材料一般分为硬线材和软线材。硬线材有木材、塑料、金属等条状材料，常作为软线材构成的骨架，可以独立成型；软线材则有棉、麻、化纤以及金属丝制品等，可以采用编织、抻拉等方法进行造型。

线材构成的特点是，它们本身没有表现空间和形体的能力，需要通过线群的集聚和框架的支撑才能形成面的效果，进而形成空间形体。其表现特点是通过线群的集聚和线之间的间隙表现出不同的线群结构，利用线群的表现效果及网格的疏密变化产生节奏韵律。在进行线材构成时应注意所选线材的形状与材质、线材之间的空隙安排以及线材节点的选择。在立体构成中，线材具有决定形体方向，构成形体骨骼或轮廓的功能。

2. 面材构成

运用面状材料构成的空间形态称为面材构成，如图 3-59 所示。依据面的形态一般分为直面和曲面，具有平薄与扩延感，如果厚度过大，会削弱此特征而增强重量感。不论是平面还是曲面，均具有比线材更明确的空间占有感。在立体构成中，面材具有分制、围合、限定空间的重要功能。

3. 块材构成

块材是立体形态最基本的表现形式，具有强烈的重量感和体量感，如图 3-60 所示。块立体构成的功能：构成形体，创造形式和空间。块材构成应注意块的形状、体积和数量，以及整体空间造型的统一与和谐完整。

4. 综合构成

综合构成是综合采用线材、面材和块材任意两种或三种进行构成的方式，如图 3-61 所示。综合构成应注意将不同材料的特质合理使用，以达到整体的和谐统一，同时注意不同材料的搭配、连接方式，可以选择粘合、捆绑、插接等方式。

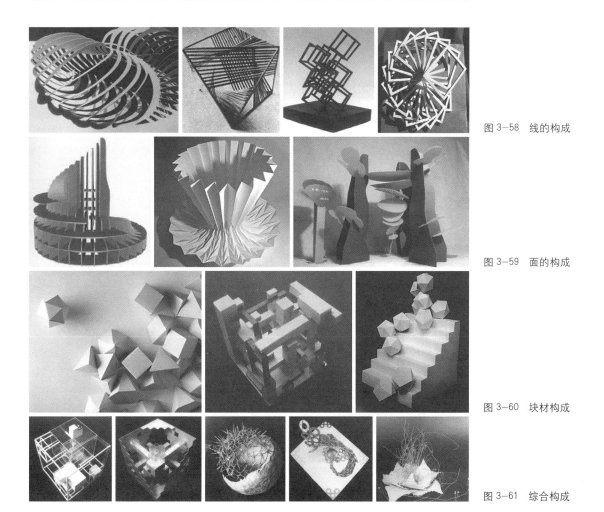

图 3-58　线的构成

图 3-59　面的构成

图 3-60　块材构成

图 3-61　综合构成

3.5 空间构成

3.5.1 空间限定

空间是物质存在的一种客观形式，由长度、宽度、高度表现出来。空间本是无限、无形态的，只有实体的限定，才有了空间的大小度量，使其形态化。限定空间一般从水平方向和垂直方向进行。在具体的建筑空间中，水平面往往是承载或者覆盖人的各项活动的使用功能区域，垂直面则一般承担着空间围护功能。面的构成是空间限定训练中的主要手段。

1. 水平限定

用水平方向的构件限定空间常用"覆盖""凹凸"和"架起"等方法。使用不同的处理手法，水平面在空间中位置的高低变化会影响所形成空间的品质，如图 3-62 所示。

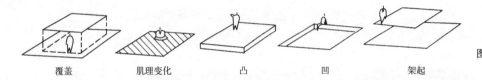

覆盖　　　　　肌理变化　　　　　凸　　　　　凹　　　　　架起

图 3-62　水平方向平面位置变化

2. 垂直限定

在人的视线范围内，垂直要素出现的频率高、空间限定的控制作用强。建筑中的竖直构件往往是楼面与屋面的支撑结构，起到重要的安全作用。用垂直构件限定空间的方法主要有"设立"和"围合"。

设立是指物体设置在空间中，指明空间中某一场所，从而限定其周围的局部空间。设立可以分为点设立和线设立，如图 3-63 所示。设立仅是视觉、心理上的限定，靠实体形态获得对空间的控制，对周围空间产生一种聚合力。聚合力是设立的主要特征，是人心理所感受到的。聚合力的大小和点的体积、线的高度有一定的关系。点和线的体积及高度影响着它们所能控制的范围，它们之间的关系成正比。

草原上的蒙古包是点设立　　　园林中的凉亭是点设立　　　广场上的立柱是线设立

图 3-63　点设立与线设立

如设立在环境的中心，点或线是稳定的、静止的，对各个方向的力是均等的；若从中心偏移，力就变得不均等，其位置所处的范围会变得比较有动势，点或线和它所处的环境之间会产生视觉上的紧张感。

围合是空间限定最典型的形式，它造成空间内外之分。内部空间一般是功能性的，用来满足实用要求。图 3-64 所示为线性垂直要素和面状垂直要素所限定的不同空间领域。其中，图 1 中四根线性垂直要素围合限定了一个空间的边界；图 2 中独立的垂直面限定了它所面对的空间；图 3 中 L 形垂直限定面所形成的空间具有明确的方向性；图 4 中平行排列的垂直限定面形成一个方向具有延伸、开放的特征；图 5 中 U 形限定面控制了一个空间容积；图 6 中四个首尾相接的垂直面限定了一个完整的空间范围。

围合可分为：以实体围合，完全阻断视线；以虚体分隔，既对空间场所起界定与围合的作用，同时又可保持较好的视域。

实体围合是界定、组成空间的基本方法。用实体如墙等围合的场所具有确定的空间感和内外的方位感，其在空间组织上的重要功能就是保证内部空间的私密性和完整性。高度不同的面，围合效果不一样，如图 3-65 所示。

利用虚体限定空间，这里所说的虚体是指可使视线穿透的空间限定体，如镂空的墙、各种形态的柱、帘及绿化等。利用虚体限定空间，可使空间既有分隔又有联系。由于空间界面在一定程度上并不完整，视线并未受到完全的阻隔，空间便显得灵活而有趣。例如，一个大空间，如果不加以分割，就不会有层次变化，但完全分割就会显得呆板，也不会有空间渗透的现象发生，只有适当的分割与连通，才能使人的视线从一个空间穿透至另一个空间，从而使两个空间相互渗透，这样才能充分发挥大空间的优势，显示出空间的层次变化。这个道理与西方近现代建筑所推崇的"流动空间"理论十分相似。因为被分割的空间本来处于静止状态，一经联系之后，便相互渗透，各自都延伸到对方中去，如此便打破了原先的静止状态而产生了一种流动的感觉。

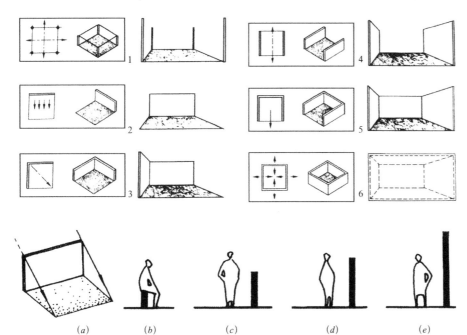

图 3-64　垂直要素限定空间

图 3-65　高度不同的面，围合效果不一样

(a) 独立面分割空间为阴阳、产生不同视觉感；
(b) 仅限定领域的边缘，限定感弱；
(c) 产生围护感，保持视觉与空间连续性；
(d) 分割成两个空间，尚保持视觉连续感；
(e) 构成不同的空间，产生强烈的围护感

图 3-66　实体围合与
虚体围合的对比

利用这一原理，通过不同的虚体元素对空间加以限定和分隔，可以创造出丰富的空间层次的变化，如图 3-66 所示。

3. 空间限定的其他要素

空间限定的其他要素还包括质感、色彩、材料和光线等。

3.5.2　空间组合

1. 空间组合的意义

当有多个空间在功能和位置上有连续性时，它们的组合可以满足一系列完整的功能，完成特定的设计意图。当这些空间被串接起来人行走于其中时，整个建筑里的空间也随着人位置的移动和视点的不同而变化起来。更重要的是因此产生的空间序列不但是对建筑使用功能的组织，也赋予建筑节奏感和更多的趣味，让人体会到空间交替更迭的美感。

2. 空间关系的分类

空间关系基本可分为包容式空间、穿插式空间与邻接式空间，如图 3-67 ～图 3-69 所示。

1) 包容式空间

大空间内的小空间易产生视觉以及空间的连续。封闭的大空间为包含于其中的小空间提供了一个三维领地，两者之间的尺寸必须有明显差别，否则外层空间仅是一层表皮，失去围合能力，设计意图得不到体现。

为了提升被围空间的吸引力，其形式可以与外围空间不同，方位也可变化，从而产生一系列充满动感的附属空间；形体上的对比也可表明两个空间的功能不同，增强其象征意义。

2) 穿插式空间

两个空间的穿插部分为穿插式空间中各个空间共有。穿插部分可以与其中一个空间合并，成为其整个容积的一部分。穿插部分可以作为一个空间自成一体，并用来连接原来的两个空间。

3) 邻接式空间

这是空间关系中最常见的形式，它让每个空间都能得到清晰限定，两个空间之间在视觉和空间上的连续程度取决于它们中间的面。分隔面可以限制两

图 3-67　包容式空间
（约翰逊住宅）

图 3-68　穿插式空间
（里约艺术城）

图 3-69　邻接式空间
（英国邓迪图书馆）

个相邻空间的视觉连续性，增强每个空间的独立性，并调节两者的差异；或者作为一个独立的面设置在单一容积中；也可以被表达为一排柱子，可以使两空间之间具有高度视觉连续性和空间连续性；或者仅通过两个空间之间的高差或表面材料、纹理变化进行暗示，可视为单一空间的两个区域。

3. 空间组合及常见形式

1) 集中式组合

集中式组合是由若干次要的空间形态围绕占主导地位的形态构成。其形态作为视觉的主体，要求有几何的规则性，如以会所为主的小区楼盘、以舞台为中心的剧院等。这种组合形式的特点是稳定、向心、紧凑；交通流线的布置以中心空间作为核心，如图 3-70 所示。

2) 串联式组合

串联式组合由若干单体空间按一定方向相连接，构成空间序列，具有明显的方向性，并具有运动、延伸、增长的趋势，如图 3-71 所示。可以通过串接不同类型空间形成空间节奏感；可终止于一个主导空间或形式，如精心设计的入口等。构成时，具有可变的灵活性，容易适应环的条件，有利于空间的发展。按构成方式不同，分为以下多种不同的串联形式：直线式、折线式、曲线式、侧枝式、圆环式等。

3) 放射式组合

放射式组合综合了集中式和线式组合的要素，形成外向型平面；由主导的中央空间和向外辐射扩展的线式串联空间所构成，如图 3-72 所示。中央空间一般为规则式，外伸的长度、方位，按功能或场地条件而定，其因与中央空间的位置、方向的变化而产生不同的空间形态。

4) 组团式组合

组团式组合是由多种相同形态的单元空间或有形状、大小等共同视觉特点的形态集合在一起构成的，如图 3-73 所示。组团式组合，根据尺寸、形状或相似性等功能方面的要求去聚集它的单元形态。组团式缺乏集中式的内向性和几何规则性，它的组合形式灵活多变，可吸纳多种形状、尺寸和方位的形体成为它的结构成分。它可以像附属体一样依附于一个大的母体和空间，也可以只借相似性相互联系，使其成为各具个性的统一实体，还可以彼此贯穿，合并成一个单独的、具有多种面貌的形式。这种组合形式规整、连续性强；可依网格为模数进行变化。

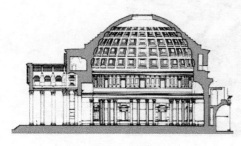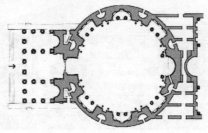

图 3-70　集中式空间组合（罗马万神庙）

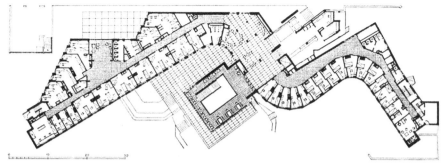

图 3-71 串联式空间
组合（波士顿贝克
宿舍）

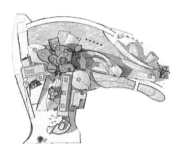

图 3-72 放射式空间
组合（毕尔巴鄂古
根海姆博物馆）

图 3-73 组团式组合
（日本大阪城）

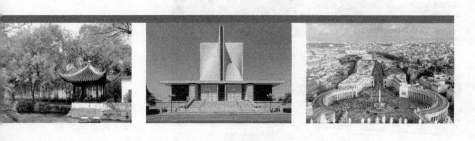

4

建筑方案设计入门

知识提要：本章首先从广义的层面介绍建筑设计的内容、要求及依据；再介绍建筑方案设计及其表达的特点、方法，并结合小建筑设计实例进一步深化理解；同时结合建筑方案设计的特点总结学习要点。

学习目标：本篇基于低年级学生的专业知识水平，针对在课程设计训练中最常见、最基本的问题，系统而概要地阐述建筑设计的性质特点、操作步骤、过程表达、学习方法等关键内容，力求为方案设计方法的入门构筑基石。

4.1 建筑设计概述

讨论建筑设计方法,必然会涉及"什么是设计",什么是"建筑设计"的问题。但是,给设计下一个严谨的定义是比较困难的。因为现实生活中存在着各种类型的设计,除建筑设计外,还有工程设计、工业设计、公共艺术设计、广告设计、服装设计等,并且有不断扩大的趋势,如近年来出现的包装设计、平面设计、形象设计、网页设计、动画设计、人机界面设计、通用设计等,任何对设计的界定都难以做到自然而圆满。因此,列举一些具体的例子也许比归纳一个抽象的定义更容易说明设计的内涵。

大家知道所有的设计都与造物、造型活动相关,但并不是所有的造物、造型都需要设计,那么,首先需要回答的问题是:哪些造型活动属于设计? 比如,有两个匠人分别制作了一件陶器,匠人甲在制作之前已经想好了这件陶器是用来汲水的,而匠人乙完全是即兴发挥,直至陶器完成仍不清楚它的用途和目的。那么,甲的工作就属于设计,乙则不是,因为设计是有目的的,无论是功利上的、形式上的还是两者兼有。第二个问题是:甲的这个造型是怎么构想出的呢? 制作这个汲水陶器,甲会考虑到它的容积、重量以及两者间的关系,会考虑到汲水、运输以及倒水时的便利等。最终他设想的陶器形状可能是球形和圆锥形的组合,上部有把手和喇叭形开口,表面绘有图案——这是他综合各种已知的知识、理论而构想出来的可能形象。因为球体的容积效率最高,锥体便于倾倒汲水等。这种综合各种道理去生成形象,而不是用形象去解释哲理的思维特征是设计所独有的。第三个问题是:这个造型是怎么制作出来的呢? 要想把这个陶器真正制作出,甲还需要预先对制作的方法、步骤,以及材料、工具、设备和工艺细节进行必要的规划和设想。这种预先的计划既是设计工作的基本内容,也是设计属性的本质体现。至此,对设计应该有个大致的印象了。

上述对设计的解释是启发和指导认识、理解建筑设计的钥匙。设计是"有目的"的,那建筑设计的目的是什么? 这关系到建筑设计的工作方向。建筑的标准又是怎样的? 这关系到建筑设计的评价标尺。建筑设计的制约因素有哪些? 这关系到建筑设计的前提条件。建筑设计的内容有哪些? 这关系到建筑师的工作重点。设计又是"有计划"的,那么建筑设计该怎样运作? 这关系到建筑设计的职责范围及其工作背景。建筑设计的特点又是怎样的? 这是认识和学习建筑设计的基本路径……作为初学者必须认识到:透彻地理解与领悟这些知识,并灵活运用于自己的设计创作中,绝非一时一日即可做到的,而是需要在今后的学习和实践中不断体会、反复思考。

4.1.1 一般建筑工程项目的运作程序

一个建筑从开始策划直到投入使用大致经历"10个环节"即"5个阶段",如图4-1所示。其中,第1个环节即项目策划阶段,第2~4个环节即建筑设计阶段,第5~6个环节即施工的招标和设计交底阶段,第7~9个环节即

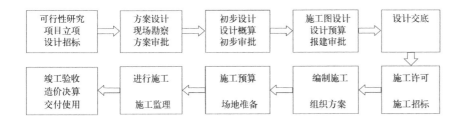

图 4-1　一般建筑工程
项目运作程序示意

建筑施工阶段,第 10 个环节即竣工验收阶段。它们又可被归纳为"两大过程",即设计过程(第 1 ~ 5 个环节)和施工过程(第 6 ~ 10 个环节)。

整个运作程序的各个过程、阶段及其环节,皆有明确的工作重点,彼此间有严谨的顺序关系,以保障建筑工程项目科学、合理、经济、可行、安全地实施。

4.1.2　建筑设计的内容

每一项工程从拟定计划到建成使用都要通过编制工程设计任务书、选择建设用地、场地勘测、设计、施工、工程验收及交付使用等几个阶段。设计工作是其中的重要环节,具有较强的政策性和综合性。

广义的建筑设计是指设计一个建筑物或建筑群所需要的全部工作,一般包括建筑学、结构工程、给水排水工程、暖通工程、强弱电工程、工艺流程、园林工程和概预算等专业设计内容,如图 4-2 所示。

1. 建筑专业设计

建筑专业设计是在总体规划的前提下,根据设计任务书的要求,综合考虑基地环境、使用功能、结构施工、材料设备、建筑经济及建筑艺术等问题,着重解决建筑物内部各种使用功能和使用空间的合理安排,建筑物与周围环境、与各种外部条件的协调配合,内部和外表的艺术效果,各个细部的构造方式等,创造出既符合科学性又具有艺术性的生产和生活环境。

建筑专业设计在整个工程设计中起着主导和先行的作用,除考虑上述各种要求以外,还应考虑建筑与结构、建筑与各种设备等相关技术的综合协调,以及如何以更少的材料、劳动力、投资和时间来实现各种要求,使建筑物做到适用、经济、坚固、美观。

建筑专业设计包括总体设计和个体设计两个方面,一般是由建筑师来完成。

2. 结构设计

结构设计主要是根据建筑设计选择切实可行的结构方案,进行结构计算及构件设计、结构布置及构造设计等。一般是由结构工程师来完成。

3. 设备设计

设备设计主要包括给水排水、电气照明、通信、采暖、空调通风、动力

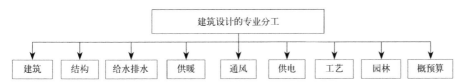

图 4-2　建筑设计专业
分工示意

等方面的设计，由有关的设备工程师配合建筑设计来完成。

以上几方面的工作既有分工，又密切配合，形成为一个整体。各专业设计的图纸、计算书、说明书及预算书汇总，就构成一个建筑工程的完整文件，作为建筑工程施工的依据。

4.1.3 建筑设计的程序

1. 设计前的准备工作

建筑设计是一项复杂而细致的工作，涉及的学科较多，同时要受到各种客观条件的制约。为了保证设计质量，设计前必须做好充分准备，包括熟悉设计任务书，广泛深入地进行调查研究，收集必要的设计基础资料等几方面的工作。

1）落实设计任务

建设单位必须具有上级主管部门对建设项目的批准文件、城市建设部门同意设计的批文，方可向设计单位办理委托设计手续。

2）熟悉设计任务书

设计任务书是经上级主管部门批准提供给设计单位进行设计的依据性文件，一般包括以下内容：

(1) 建设项目总的要求、用途、规模及一般说明。

(2) 建设项目的组成，单项工程的面积，房间组成，面积分配及使用要求。

(3) 建设项目的投资及单方造价，土建设备及室外工程的投资分配。

(4) 建设基地大小、形状、地形，原有建筑及道路现状，并附地形测量图。

(5) 供电、供水、采暖、空调通风、电信、消防等设备方面的要求，并附有水源、电源的接用许可文件。

(6) 设计期限及项目建设进度计划安排要求。

在熟悉设计任务书的过程中，设计人员应认真对照有关定额指标，校核任务书的使用面积和单方造价等内容。同时，设计人员在深入调查和分析设计任务书以后，从全面解决使用功能、满足技术要求、节约投资等方面考虑，从基地的具体条件出发，也可以对任务书中某些内容提出补充和修改，但必须征得建设单位的同意。

3）调查研究、收集必要的设计原始数据

除设计任务书提供的资料外，还应当收集有关的原始数据和必要的设计资料，如：建设地区的气象、水文地质资料，水电等设备管线资料，基地环境及城市规划要求，施工技术条件及建筑材料供应情况，与设计项目有关的定额指标及已建成的同类型建筑的资料，等等。

以上资料除有些由建设单位提供和向技术部门收集外，还可采用调查研究的方法，其主要内容有：

(1) 访问使用单位对建筑物的使用要求，调查同类建筑在使用中出现的情况，通过分析和总结，全面掌握所设计建筑物的特点和要求。

(2) 了解建筑材料供应和结构施工等技术条件，如地方材料的种类、规格、价格和施工单位的技术力量、构件预制能力，起重运输设备等条件。

（3）现场踏勘，对照地形测量图深入了解现场的地形、地貌、周围环境，考虑拟建房屋的位置和总平面布局的可能性。

（4）了解当地传统经验、文化传统、生活习惯及风土人情等。

2. 设计阶段的划分

民用建筑工程一般应分为方案设计、初步设计和施工图设计三个阶段。对于技术要求简单的民用建筑工程，经有关主管部门同意，并且合同中有不做初步设计的约定，可在方案设计审批后直接进入施工图设计。

各阶段设计文件编制深度应按以下基本原则进行：

方案设计文件应满足编制初步设计文件的需要（对于投标方案，设计文件深度同时应满足标书要求）。

初步设计文件应满足编制施工图设计文件的需要。

施工图设计文件应满足设备材料采购、非标准设备制作和施工的需要。对于将项目分别发包给几个设计单位或实施设计分包的情况，设计文件相互关联处的深度应当满足各承包或分包单位设计的需要。

4.1.4 建筑设计的要求

1. 满足建筑功能要求

满足建筑物的功能要求，为人们的生产和生活活动创造良好的环境，是建筑设计的首要任务。例如设计学校，首先要考虑满足教学活动的需要，教室设置应分班合理，采光通风良好，同时还要合理安排教师备课、办公、贮藏和厕所等行政管理和辅助用房，并配置良好的体育场和室外活动场地等。

2. 采用合理的技术措施

正确选用建筑材料，根据建筑空间组合的特点，选择合理的结构、施工方案，使房屋坚固耐久、建造方便。例如近年来，我国设计建造的一些覆盖面积较大的体育馆，由于屋顶采用空间网架结构和整体提升的施工方法，既节省了建筑物的用钢量，也缩短了施工期限。

3. 具有良好的经济效果

建造房屋是一个复杂的物质生产过程，需要大量人力、物力和资金，在房屋的设计和建造中，要因地制宜、就地取材，尽量做到节省劳动力，节约建筑材料和资金。设计和建造房屋要有周密的计划和核算，重视经济领域的客观规律，讲究经济效果。房屋设计的使用要求和技术措施要和相应的造价、建筑标准统一起来。

4. 考虑建筑美观要求

建筑物是社会的物质和文化财富，它在满足使用要求的同时，还需要考虑人们对建筑物在美观方面的要求，考虑建筑物所赋予人们精神上的感受。建筑设计要努力创造具有我国时代精神的建筑空间组合与建筑形象。历史上创造的具有时代印记和特色的各种建筑形象，往往是一个国家、一个民族文化传统宝库中的重要组成部分。

5. 符合总体规划要求

单体建筑是总体规划中的组成部分，单体建筑应符合总体规划提出的要求。建筑物的设计，还要充分考虑和周围环境的关系，例如原有建筑的状况、道路的走向、基地面积大小以及绿化等方面和拟建建筑物的关系。新设计的单体建筑，应使所在基地形成协调的室外空间组合、良好的室外环境。

4.1.5 建筑设计的依据

1. 使用功能

1）人体尺度及人体活动所需的空间尺度

人体尺度及人体活动所需的空间尺度是确定民用建筑内部各种空间尺度的主要依据之一。比如门洞、窗台及栏杆的高度，走道、楼梯、踏步的高宽，家具设备尺寸以及建筑内部使用空间的尺度等都与人体尺度及人体活动所需的空间尺度直接或间接有关。我国成年男子和成年女子的平均高度分别为 1670mm 和 1560mm。人体尺度和人体活动所需的空间尺度见图 4-3 和图 4-4 所示。

2）家具、设备尺寸和使用它们所需的必要空间

房间内家具设备的尺寸，以及人们使用它们所需活动空间是确定房间内部使用面积的重要依据。图 4-5 为居住建筑常用家具尺寸示例。

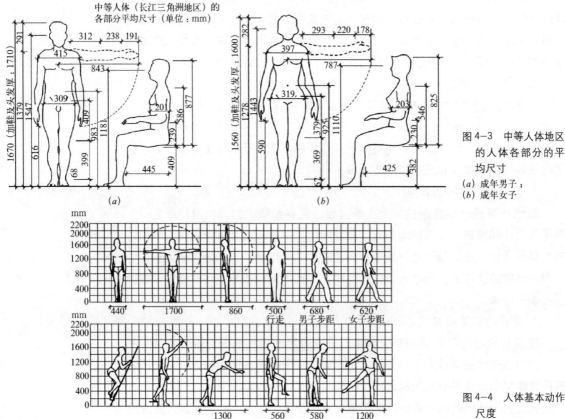

图 4-3 中等人体地区的人体各部分的平均尺寸
(a) 成年男子；
(b) 成年女子

图 4-4 人体基本动作尺度

图 4-5 居住建筑常用家具尺寸示例

2. 自然条件

1）气象条件

建设地区的温度、湿度、日照、雨雪、风向、风速等是建筑设计的重要依据，对建筑设计有较大的影响。例如：炎热地区的建筑应考虑隔热、通风、遮阳，建筑处理较为开敞；寒冷地区应考虑防寒保温，建筑处理较为封闭；雨量较大的地区要特别注意屋顶形式、屋面排水方案的选择，以及屋面防水构造的处理；在确定建筑物间距及朝向时，应考虑当地日照情况及主导风向等因素。风速还是高层建筑、电视塔等设计中考虑结构布置和建筑体形的重要因素。

图 4-6 所示为我国部分城市的风向频率玫瑰图，即风玫瑰图。玫瑰图上的风向是指由外吹向地区中心方向，比如由北吹向中心的风称为北风。玫瑰图是依据该地区多年来统计的各个方向吹风的平均日数的百分数按比例绘制而成，一般用 16 个罗盘方位表示。

2）地形、地质及地震烈度

基地地形平缓或起伏，基地的地质构成、土壤特性和地耐力的大小，对建筑物的平面组合、结构布置、建筑构造处理和建筑体形都有明显的影响。坡度陡的地形，常使房屋结合地形采用错层、吊层或依山就势等较为自由的组合方式。复杂的地质条件，要求房屋的构成和基础的设置采取相应的结构与构造措施。

地震烈度表示当发生地震时，地面及建筑物遭受破坏的程度。烈度在 6 度以下时，地震对建筑物影响较小，一般可不考虑抗震措施。9 度以上地区，地震破坏力很大，一般应尽量避免在该地区建造房屋。因此，按《建筑抗震设计规范》GB 50011—2010 中有关规定及《中国地震烈度区规划图》的规定，地震烈度为 6 度、7 度、8 度、9 度地区均需进行抗震设计。

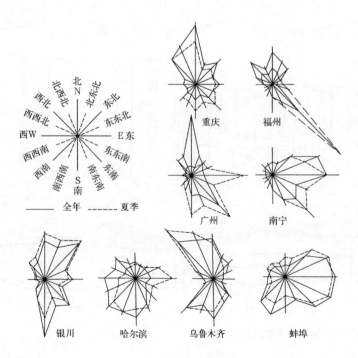

图 4-6 我国部分城市的风向频率玫瑰图

3）水文

水文条件是指地下水位的高低及地下水的性质，直接影响到建筑物基础及地下室。一般应根据地下水位的高低及地下水性质确定是否在该地区建造房屋或采用相应的防水和防腐蚀措施。

4.2 建筑方案设计概述

建筑方案设计工作是建筑设计的最初阶段，为初步设计、施工图设计奠定了基础，是具有创造性的一个最关键的环节。因此，方案设计得如何，这将直接影响到其后工作的进行，甚至决定着整个设计的成败。而方案能力的提高则需长期反复地训练，由于方案设计突出的作用以及高等院校的优势特点，建筑设计专业所进行的建筑设计的训练更多地集中于方案设计阶段，以便学生有较多的时间和机会接受从无到有，由易到难，由简单到复杂的多课题、多类型的训练。初步设计和施工图设计阶段则主要通过以后的实践来完成。

4.2.1 建筑方案设计工作的基本性质

建筑方案设计工作的性质具有以下五个方面的特点，即创造性、综合性、双重性、过程性和社会性。

（1）建筑设计是一种创造性的思维活动，建筑功能、地段环境及主观需求千变万化，只有依赖建筑师的创新意识和创造能力，才能灵活解决具体的矛盾和问题，把所有的条件、要求、可能性等物化成为建筑形象，因而培养创新意识与创作能力尤为重要。

（2）建筑设计是一门综合性学科，是一项很繁复的、综合性很强的工作。除了建筑学自身以外，还涉及结构、材料、经济、社会、文化、环境、行为、心理等众多学科，同时建筑类型也是多种多样的，从而决定了建筑师的工作如同乐队指挥一般要照顾到方方面面的角色特点。

（3）建筑设计思维活动具有双重性，是逻辑思维和形象思维的有机结合。建筑设计思维过程表现为"分析研究—构思设计—分析选择—再构思设计……"的螺旋式上升过程，在每一"分析"阶段（包括前期的条件、环境、经济分析研究和各阶段的优化分析选择）所运用的主要是分析概括、总结归纳、决策选择等基本的逻辑思维的方式；而在各"构思设计"阶段，主要运用的则是跳跃式的形象思维方式。

（4）建筑设计思维活动是一个由浅入深、循序渐进的过程。在整个设计过程中，始终要科学、全面地分析调研，深入大胆地思考想象，需要在广泛论证的基础上选择和优化方案，需要不厌其烦地推敲、修改、发展和完善。

（5）建筑设计必须综合平衡建筑的社会效益、经济效益与个性特色三者的关系，在设计过程中需要把握种种关系，满足各个方面的要求，统一地物化为尊重环境、关怀人性的建筑空间与立体形象。

4.2.2 建筑方案设计中的常见术语

1. 容积率

容积率又称建筑面积毛密度，是项目用地范围内地上的总建筑面积（必须是正负0标高以上的建筑面积）与项目总用地面积的比值。容积率的值是无量纲的比值，通常将地块面积设为1，地块内地上建筑物的总建筑面积比地块面积的倍数即为容积率的值。

现行城市规划法规体系下编制的各类居住用地的控制性详细规划的一般容积率，见表4-1。

各种居住建筑类型的容积率　　　　　　　　表4-1

居住建筑类型	容积率
独立别墅	0.2~0.5
联排别墅	0.4~0.7
6层以下多层住宅	0.8~1.2
11层小高住宅	1.5~2.0
19层高层住宅	1.8~2.5
19层以上住宅	2.4~4.5

2. 得房率

得房率是指可供住户支配的面积（套内建筑面积）与每户建筑面积（销售面积）之比。

得房率是买房比较重要的一个指标，得房率与建筑面积相关，得房率太低不实惠，太高又不方便。因为得房率越高，公共部分的建筑面积就越少，住户也会感到压抑。一般得房率在80%左右比较合适，分摊的公共部分建筑面积也比较宽敞气派。

3. 套内建筑面积

套内建筑面积＝套内使用面积＋套内墙体面积＋阳台建筑面积。

4. 销售面积

销售面积＝套内建筑面积＋分摊的公用建筑面积。

5. 建筑密度

建筑密度是在一定用地范围内，建筑物基底面积总和与总用地面积的比率（%）。

6. 绿地率

绿地率是在一定用地范围内，各类绿地总面积占该用地面积的比率（%）。

7. 建筑高度

建筑高度与城市规划控制有关，平屋顶建筑高度应按建筑物主入口场地室外设计地面至建筑女儿墙顶点的高度计算，无女儿墙的建筑物应计算至其屋面檐口；坡屋顶建筑高度应按建筑物室外地面至屋檐和屋脊的平均高度计算；

当同一座建筑物有多种屋面形式时，建筑高度应按上述方法分别计算后取其中最大值；下列突出物不计入建筑高度内：①局部突出屋面的楼梯间、电梯机房、水箱间等辅助用房占屋顶平面面积不超过 1/4 者；②突出屋面的通风道、烟囱、装饰构件、花架、通信设施等；③空调冷却塔等设备。

8. 用地红线

用地红线是各类建设工程项目用地使用权属范围的边界线。

9. 建筑控制线

建筑控制线是规划行政主管部门在道路红线、建设用地边界内，另行划定的地面以上建（构）筑物主体不得超出的界线。

4.3 建筑方案设计的方法

建筑方案设计带有一种艺术性的、形象思维的性质，设计方法是多种多样的。人体说来，其基本方法可以归纳为"先功能后形式"和"先形式后功能"两大类，两者的最大差别主要体现为方案构思的切入点与侧重点的不同，前者为常用设计方法。这两种方法是对立统一的关系，针对不同的设计项目特点各有侧重，建筑师往往是在两种方式的交替探索中最终找到一条最佳的方法途径。

（1）"先功能"是以平面设计为起点，重点研究建筑的功能需求，当确立比较完善的平面关系之后再据此转化成空间形象。它的基本过程就是：熟悉两个内容，即设计任务书和地形图；安排基地，确定总体形态；由功能关系分析图，一边确定面积大小，一边在基地上作调整；作比较方案，并最终确定一个；确定方案后，画图或做模型，还要写说明文本。相比而言从功能平面入手更易把握和提高设计效率，适于初学者，不足之处是可能会对建筑形象的创造性发挥产生一定程度的制约。

（2）"先形式"则是从建筑的体形、环境入手重点研究空间与造型，当确立一个比较满意的形体关系后，再相应完善功能，如此反复深入。这种方法有利于自由发挥想象力与创造力而创造富有新意的空间形象，对设计者的设计功底和经验要求较高，不适于初学者。对于一位成熟的建筑师，所谓"先形式"的同时，建筑的功能处理与空间关系问题已经无形之中完成在自己的脑海中了。

4.3.1 建筑方案设计的流程

1. 建筑方案设计的前期准备工作

设计要求主要是以建筑设计任务书形式出现的，主要内容包括：建造目的、空间内容、建设规模，具体的基地情况，造价和技术经济要求等。任务分析作为建筑设计的第一阶段工作，其目的就是通过对设计要求、地段环境、经济因素和相关规范资料等重要内容的了解和系统的分析研究，为方案设计确立科学的依据。

1) 内在条件的分析

(1) 功能空间的要求

方案设计首先是如何把握功能，如何满足使用要求。各功能空间是相互依托、密切关联的，它们依据特定的内在关系共同构成一个有机整体。这种内在关系可以借助于功能关系框图来进行分析，把逻辑思维转换成图示思维。从功能分区开始，把若干房间按功能内容相近归类成几个区，分析这几个区的配置关系；功能分区格局确定后，就可进一步分析每个功能区域内各个房间的关系，主次、内外、闹静、洁污、功能要求的联系紧密与松散程度等。建筑的各功能空间都有明确的功能需求，我们应对各个主要空间进行必要的分析研究，包括体量大小、基础设施要求、位置关系、空间属性等。按比例制作各主要房间的房间面积图形，了解各房间的朝向、通风、采光、日照等要求以及各房间的空间高度要求等。

(2) 形式特点要求

不同类型的建筑有着不同的性格特点，如居住建筑亲切宜人，而公共建筑庄重大方；此外，使用者的个性特点和要求各不相同。因此，我们必须准确地分析和把握建筑的类型特点及使用者的个性特点，才能创作出符合人们审美观念、经济适用的优秀建筑作品。

2) 环境条件和经济技术条件的分析

(1) 环境条件

环境条件是建筑设计的客观依据，主要包括地段环境、人文环境和城市规划设计条件。外部环境条件的调查分析是展开设计的必备过程，必须根据任务书要求和具体基地地形图等进行理性分析，从而理出设计的若干可能及其设计基本思路。

①地段环境及人文环境

地段环境包括：地段的大小、形状、地形地貌；地区气候，如北方地区建筑设计常集中布局、形体相对封闭以利于避寒，南方地区通常平面舒展、形体通透以通风纳凉；与邻近建筑的关系，分析周边建筑物的特定条件（平面形状、层数、风格等）后，运用呼应、对位等手法，使得空间有机结合；道路交通，根据道路性质与基地的城市区位可分析出车、人流的主次及方向，以便确定场地出入口；景观朝向，根据朝向、景观条件分析确定主要空间的定位；其他条件还有地质条件、城市方位、市政设施等。

人文环境包括城市文脉、地方风貌特色（文化风俗、历史名胜、地方建筑）等，设计必须因地制宜地确定平面布局方式（集中式或分散式）及塑造地域特色。

②城市规划要求的设计条件

城市规划管理部门从城市总体规划的角度出发，对各个建设用地的建筑设计具有一定的要求及限制条件，通常包括：建筑高度控制、容积率、建筑密度、建筑后退红线限定、交通出入口位置、绿地率、停车量要求等。

（2）经济技术因素

经济技术因素是指建设者所能提供用于建设的实际经济条件与可行的技术水平，是除功能环境之外影响建筑设计的第三大因素。一个优秀的建筑师，总是在经济工程技术方面经过严格的训练而拥有扎实的功底。建筑的工程技术问题大体包括结构设计、建筑设备技术、水、电、暖等，建筑师不仅要注意形式美的处理问题，更需注意结构技术和施工技术等诸方面的合理性的问题，熟练应用各种结构选型而使空间布局灵活，并应有能力解决各工种之间的协调问题，在实际的建筑设计中运用自如。

3）调研和搜集资料

学会搜集并使用相关资料，借鉴前人实践经验并掌握相关规范制度，是学好设计的必由之路。资料的搜集调研可以在第一阶段一次性完成，也可以穿插于设计之中分阶段进行。

（1）实例调研

调研实例的选择应本着性质相同、内容相近、规模相当、方便实施并体现多样性的原则，调研的内容包括一般技术性了解，如对相关类型建筑设计构思、总体布局、平面组织和空间形体的了解调查，以及对实际使用管理情况的调查。最终调研的成果应汇总整理，形成图文并茂、较为系统的参考资料库。在实例调研过程中，建筑师要如同文艺工作者体验生活般，亲身感受、体验一下在这种建筑中的生活、工作、娱乐等功能活动要求及其相应的使用空间特点。

（2）资料搜集

相关资料的搜集包括规范性资料和优秀设计图文资料两个方面。

建筑设计规范是建筑设计过程中具有法律意义的强制性条文，必须熟悉掌握并严格遵守。对我们影响最大的设计规范有消防规范、日照规范和交通规范等。资料搜集工作的第一步就是收集一些规范性的资料，如教室及实验室的大小和要求，阶梯教室的要求，特殊教室（如语音等）的要求，走廊的宽度、建筑的层高、室外场地等的种种要求。只有摸清这些基本的规范性的要求，才能行之有效地做出合理适用的建筑设计方案来。优秀设计图文资料的搜集工作，不仅要搜集与本设计类型相同的资料，而且要搜集不同类型的建筑实例。搜集实例资料的目的是作为分析研究的素材，经过"粗阅"和"精研"分析它们的规模、功能、总体、细部、造型等，做好类比工作，分析为什么如此处理和有何优缺点等。此外，还要搜集基本的"工具性"资料，如学校建筑中的教室尺寸、课桌椅尺寸、走道的宽度、空间净高等各种规定。

2. 建筑方案的形成

一个好的方案设计总是高度地发挥想象力，不断进行创作立意、创作构思与多方案比较的结果。特别是在方案设计开始阶段的立意与构思具有开拓的性质，它对设计的优劣、成败具有关键性的作用，因此，准确的立意、独特的构思与多方案比较往往是出色的建筑创作的胚胎。

1）方案的立意和构思

建筑设计是一种创作活动，需要立意与构思作为方案设计的指导原则。立意与构思相辅相成，立意是目标而构思是手段，两者必须在设计初始阶段共同发挥作用。动手设计之前充分发挥想象力，在设计者原有知识与经验的基础上，结合具体设计项目进行条件分析，对其进行深入的理解，从中捕捉创作灵感，然后产生一个综合的"思路"，这个过程叫做"立意"。设计立意分为基本和高级两个层次，前者是以满足最基本的建筑功能、环境条件而指导设计为目的；后者则在此基础上通过对设计对象深层意义的理解与把握，谋求把设计推向一个更高的境界水平。对于初学者而言，设计立意的现实可行性尤为重要，不应强求定位于高级层次。一个好的构思绝非玩弄手法，而是设计者对创作对象的环境、功能、形式、技术、经济等方面深入综合的提炼成果，是以独特的、富有表现力的建筑语言来表达立意，完成从概念萌发到物化为建筑形象的过程。

范斯沃斯住宅（图4-7）的立意是密斯·凡·德·罗基于"同一性"空间理论设计出的对现代建筑具有影响的作品；流水别墅的立意是赖特基于"有机建筑"的理论，表达了人对大自然的向往。

2）方案构思的方法和过程

方案构思是方案设计过程中至关重要的一个环节。方案构思借助于人们形象思维的能力，通过图示的方式，把设计理念物化为具体的建筑形态。而形象思维方式不是单一的、固定不变的，而是开放的、多样的和发散的。因此，具体方案构思的切入点必然是多种多样的，可以从功能入手，从环境入手，也可以从结构及经济技术入手，其中从功能入手较适于最初学者。

（1）从具体功能特点入手进行方案构思

从具体功能特点入手往往是进行方案构思的主要突破口之一，方案设计全过程基本可以概括为：熟悉设计的"任务书"和地形图；安排基地，确定总体形态；根据功能关系分析图进行功能分区、明确流线，根据流线关系，作出几种组合的可能性判断；作多种比较草图方案，并最终确定一个优选的方案；画正式方案图并撰写说明文本，必要时还要做模型。方案设计的起步是场地设计，场地设计内容包括出入口选择和场地规划。场地出入口是外部空间进入场地的通道，场地的入口一般应迎合各主要人流方向，应符合内部功能、城市规划的要求，并与周边环境因素构成对位关系。场地规划是进行建筑方案设计之前先要解决的问题，只有解决好"图"（建筑物）与"底"（室外场地）的关系，包括两者间的空间位置、尺寸大小，才能为进入单体设计打下基础。当拿到地形图后，应估算用地面积，并把用地面积与建筑面积进行比较，按照合适的建筑密度决定所设计的建筑首层面积，同时要依据消防、日照等规范要求合理安排道路、停车场及绿化等的布置。

如图书馆场地布局中应重点处理好各种功能的分区和组合，喧闹与安静用房应明确分开并适当分隔；从场地规划上要善于组织人、车流线和停车场地，

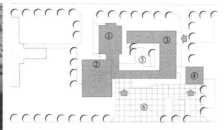

图 4-7 范斯沃斯住宅
外景（左）
图 4-8 图书馆场地设
计（右）
1—书库区；
2—阅览区；
3—研究、办公；
4—报告厅；
5—内庭院；
6—入口广场

人流量大且集散较集中的用房应有独立的对外出入口；根据使用要求合理布置各种广场、庭院、活动场地等室外空间及绿化、小品等设施，创造丰富、美观的休息和活动环境（图 4-8）。建筑的平面形状应根据地段的形态因势利导，如当地段有一斜边时，建筑沿斜边的平面形式可能与斜边平行，也可能采用锯齿状；当建筑用地是一平地时，建筑平面组合可采用适合于平地的同层布局形式，如庭院布局等；而当用地是一坡地时，建筑设计可能利用地形采用错层设计以平衡高差的方式等。用地紧张的情况下宜采用集中式的平面组合形式，如内廊式、单元式等；用地宽松的情况下可以采用松散式的平面组合形式，如庭院式、院落式或开敞式等。

平面设计一般最主要的任务就是解决好建筑物各种使用部分的功能关系和空间关系，其中需要处理的首要矛盾就是功能分区问题。这里所讲的功能分区就是将各种空间或房间按照使用要求、相互间联系的密切程度、相互间可能存在的不利影响等因素，将其组合成不同的基本功能体块，并使各功能体块间既有必要的联系，又有必要的隔离，做到"内外有别"和"干扰分区"。"内外有别"即内部工作区与对外开放活动区之间的明确区域划分，如图书馆建筑中专业工作用房、行政管理用房及辅助用房皆属于内部用房区域，而阅览室、自习室、多功能厅皆属于对外开放服务区域。"干扰分区"就是解决好各项活动进行时相互干扰的隔绝问题，如在图书馆建筑设计中我们常将活动用房相对集中布置而形成"动、静"两区：行政管理室、专业工作室、阅览室、自习室属"静区"，展览厅、多功能厅属"动区"，平面布局上"动、静"两区依次远离相邻交通干道和噪声源，既满足了静区防噪声要求又便于动区人流疏散（图 4-9）。

功能分区的分隔与联系主要体现在主次、内外及动静等关系上，在设计中常常利用插入中性空间、楼层分层处理或者在总体上直接脱开进行功能区分。主与次的差别反映在位置、朝向、通风采光条件和交通联系等问题上，主要使用部分一般处于显要的位置，次要使用部分布置在次要位置；内部使用和对外服务部分既联系方便，又不可相互混杂，以避免相互影响，对外部分靠近交通枢纽；动与静相分离，使不同使用空间有不同的要求，避免相互干扰。流线是联系各功能分区的纽带，功能分区之间的联系与分隔以此为依据，设计中必须区分各功能空间人流特点，做到流线简洁明了，并据此作出空间的布局安排。如图书馆建筑中各种活动人员的流动方式各不相同：阅览空间——分散而无序；

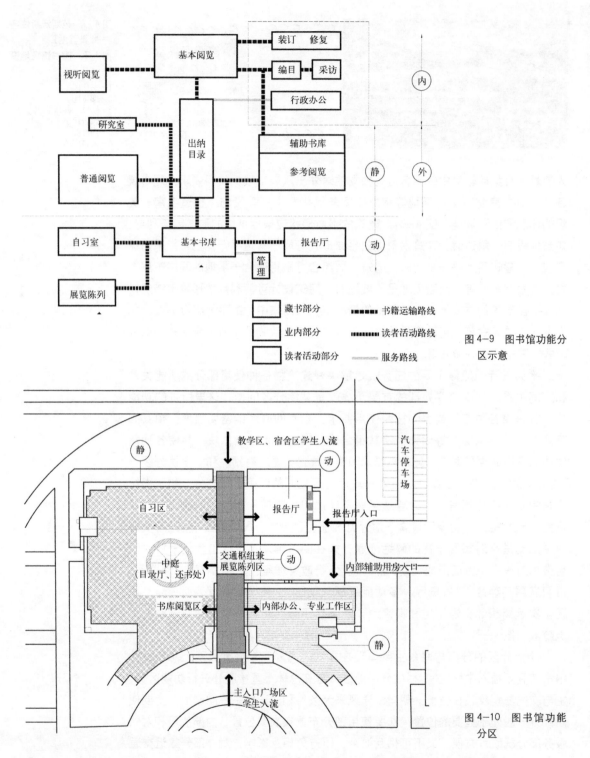

图4-9 图书馆功能分区示意

图4-10 图书馆功能分区

观演空间——集中而有序,紧邻门厅,必要时设单独出入口,以最短捷的流线集散;内部管理、专业工作——分散而无序,创造便于自由选择活动项目的流线,减少人流迁回带来的干扰;展览空间——分散而有序(图4-10)。

在场地规划已确定了建筑平面的基本范围,而且内部条件分析也明确了若干功能分区和流线组织之后，就需要在地形图上确定各功能分区在平面上的具体定位。将各房间安排到各自相应的功能区域中去，将功能关系图式由无面积限量的逻辑关系图式转化为具有具体面积限量关系的初步图面，并依据功能的差别与联系对同一功能区域内的若干房间进行再分区；依据任务书规定的面积指标，以及各房间自身使用上对空间形态及尺寸的要求，通过选择合理的结构方案，即通过开间的模数化调整房间的面积和形状；调整基本功能（如采光、通风、楼梯、走道、室内外关系等）及空间的秩序；在平面关系基本完成的基础上，结合剖面和屋顶设计把建筑"立"起来，进行空间和形体的塑造（图4-11）。

通过对设计任务书提出的功能进行深入透彻的分析理解，并产生独特的认识，往往能够缔造独创性设计意念和构思。现代建筑大师——密斯设计的巴塞罗那国际博览会德国馆，由于功能上的突破与创新而成为近现代建筑史上的一个杰作。空间序列是展示性建筑的主要组织形式，即把各个展示空间按照一定的顺序依次排列起来，以确保观众舒适顺畅地进行参观浏览。一般参观路线是固定的和唯一的，这在很大程度上制约了参观者自由选择浏览路线的可能。在德国馆的设计中，基于能让人们进行自由选择这一思想，创造出具有自由序列特点的"流动空间"，给人以耳目一新的感受（图4-12）。

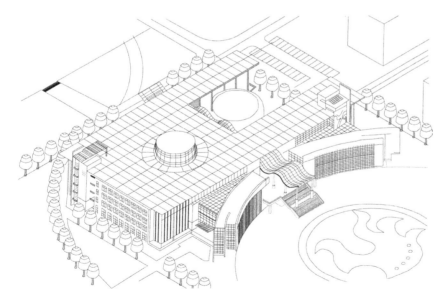

图4-11　建筑空间与形态塑造

(a)

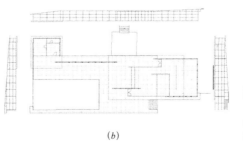

(b)

图4-12　巴塞罗那国际博览会德国馆
(a) 德国馆外观；
(b) 德国馆平面图

图 4-13　纽约古根海
　姆博物馆
(a) 博物馆外观；
(b) 博物馆室内

　　同样是展览建筑，出自另一位现代建筑大师——赖特之手的纽约古根海姆博物馆却有着完全不同的构思重点。由于用地紧张，该建筑只能建为多层，参观路线势必会因分层而打断。对此，设计者创造性地把展示空间部分取消了"层"的空间概念，而设计为一个环绕圆形中庭缓慢旋转上升的连续空间，其展品就布置在连续上升的坡道侧墙之上，观众沿着坡道边走边看，保证了参观路线的连续与流畅，并使其建筑造型别具一格。由于建筑师的设计立意从"沿着坡道观展"这一独特的功能性理念出发，该建筑设计表现出与众不同的设计思想和形象，成为 20 世纪建筑设计的精品，见图 4-13。

　　(2) 从环境因素入手进行方案构思

　　建筑物总是存在于某一特定环境中，环境所以成为构思源泉之一，就是因为建筑师的创作"灵感"一旦离开了对建筑周围环境的分析研究，建筑创作往往就成了无涯之水、无本之木。因此，许多有成就的建筑师历来十分重视建筑与环境的结合，把环境作为创作的首要出发点。

　　现代著名建筑大师赖特的代表作流水别墅，在认识并利用环境方面堪称典范。该建筑选址于风景优美的熊跑溪边，四季溪水潺潺，树木浓密，两岸层层叠叠的巨大岩石构成其独特的地形、地貌特点。赖特在处理建筑与景观关系上，不仅考虑到了对景观利用的一面——使建筑的主要朝向与景观方向相一致，成为一个理想的观景点，而且有着增色环境的更高追求——将建筑置于溪流瀑布之上，为熊跑溪增添了一道新的风景。他利用地形高差，把建筑主入口设于一、二层之间的高度上，这样不仅车辆可以直达，也与室内上下层叠有序，棱角分明的岩石形象有着显而易见的因果联系，真正体现了有机建筑的思想精髓所在 (图 4-14)。

　　在出自美籍华人建筑师贝聿铭之手的华盛顿美术馆东馆的方案构思中，地段环境尤其是地段形状起到了举足轻重的作用。该用地呈楔形，位于城市中心广场东西轴北侧，其楔底面对新古典式的国家

图 4-14　流水别墅

美术馆老馆。在此，严谨对称的大环境与非规则的地段形状构成了尖锐的矛盾冲突。设计者紧紧把握住地段形状这一突出的特点，选择了两个三角形拼合的布局形式，使新建筑与周边环境关系处理得天衣无缝。其一，建筑平面形状与用地轮廓呈平行对应关系，形成建筑与地段环境的最直接有力的呼应；其二，将等腰三角形（两个三角形中的主体）与老馆置于同一轴线之上，并在其间设一过渡性圆形雕塑广场，从而确立了新老建筑之间的真正对话。由此而产生的雕塑般有力的体块形象，简洁明快的虚实变化，使该建筑富有独特的个性和浓郁的时代感（图4-15）。

（3）从其他因素入手进行方案构思

造型切入法常用于纪念性及标志性建筑等，要求建筑师对同类建筑有丰富的经验，初学者不易把握。南京的中山陵选址于紫金山上，陵南为平原，从陵园入口上去，高七十余米，水平距离七百米，气势磅礴，塑造了一代伟人陵墓的纪念性效果；同时，陵墓总体形态构思为"钟"形，喻意为警钟长鸣，告诫全国同胞"革命尚未成功，同志仍需努力"，表达了"唤起民众，将革命进行到底"的中山先生遗愿（图4-16）。丹麦建筑师伍重设计的悉尼歌剧院，其设计立意是对群帆归航的海港景象的模拟。建筑师把实际生活中一组组船帆飘动的港口风景定格化，由此建立起设计意象，从而获得栩栩如生的建筑形象，成为悉尼城市乃至澳大利亚国家的形象标志（图4-17）。

除此之外，其他如结构形式等也均可成为设计构思的切入点。西班牙建筑大师圣地亚哥·卡拉特拉瓦在加拿大多伦多的BCE画廊与遗迹广场设计中，设

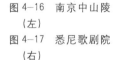

图4-15　华盛顿美术馆东馆卫星地图

图4-16　南京中山陵（左）

图4-17　悉尼歌剧院（右）

计意念在于追求完美精巧的大跨度屋顶结构形式。画廊是由倾斜和分叉的支柱组成，这些树形的支柱配置在画廊两侧的人行道上，支撑着屋顶的一系列曲线桁架，力学上十分合理并形成完美的图案，建筑整体形象轻盈而优雅（图4—18）。

图4—18　BCE画廊广场

3. 建筑方案的确定

多方案构思是建筑设计过程中不同价值取向的具体反映。由于影响建筑设计的客观因素众多，侧重点不同就会产生方案的不同，方案构思是一个过程而不是目的，成果只能是"相对意义"上的"最佳"方案，没有简单意义上的对错之分，而只有优劣层次之差别。

为了实现方案的优化选择，应提出差别尽可能明显的多数量的方案，从多角度、多方位来审视建设项目的本质，把握环境的特点，通过有意识、有目的地变换侧重点来实现方案在整体布局、形式组织以及造型设计上的多样性与丰富性。任何方案的提出都必须是在满足功能与环境要求基础之上的。只有多做方案，把可能形成的方案进行比较，最后确定其中的一个或是综合成一个最理想的方案。方案设计开始时最好有多于两个的概念设计，并从多种造型母题上去探索，多做形态设计；第一个方案往往不宜做得太深入，确定大局即可；做完第一个方案后，不要紧接着去做第二个方案，把第一种"思路"抑制起来然后会出现新的思路。

当完成多方案后，我们将展开对方案的分析比较，从中选择出理想的发展方案。比较和选择一个方案优劣的主要考查点在于：功能是否合理（包括结构、设备、造价等），环境是否协调（包括基地的利用是否合理，周围环境是否协调，城市规划要求是否满足等），造型是否美观等。也就是说，方案初期在把握"大关系"的基础上，要学会分析、判断将来做细部时是否会出现功能上的"方案性问题"。关于功能上的"方案性问题"的判断，大体可分为这几方面：首先是功能关系和体量上的，这是最重要的功能问题，如托儿所的几种布局形式中应采用第一种方式，这是因为托儿所入口应远离城市交通干道，建筑主要空间应尽量争取南向面宽，活动场地也应尽量布置在场地的南侧，以便于获得最大可能的自然光照，而其余三种布局方式显然都违背了这些基本的原则（图4—19）；其次是空间氛围上的，包括室内外的空间环境景观等问题，如赖特的流水别墅；其三是结构技术的可行性问题，其中包括结构的、设备的、建筑物理的，如多功能厅等大空间应布置在上部、小空间应在底层，反之则底层梁过高而影响空间的使用；其四是有关城市规划和技术经济指标上的，包括建筑高度、后退红线距离、容积率、建筑密度、绿化率、消防与道路等。

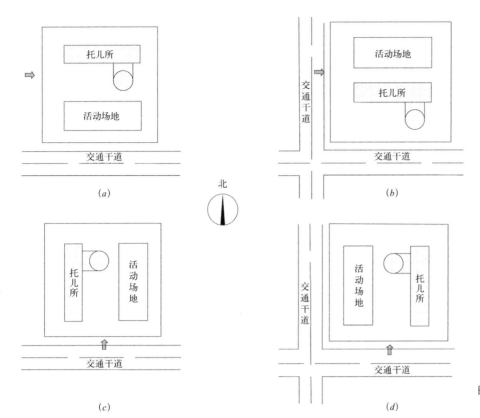

图 4-19　托儿所的几种布局形式

4. 建筑方案的完善

经过比较选择出的最佳方案通常总体处在大想法、粗线条的层次上，还存在着方方面面尚未解决的问题。为了达到方案设计的最终要求，还要经过一个调整和深化的过程。方案调整阶段的主要任务是解决多方案分析、比较过程中所发现的矛盾与问题，并弥补设计缺项。对方案的调整应控制在适度的范围内，力求不影响和改变原有方案的整体布局和基本构思，并能进一步提升方案已有的优势水平。

1) 方案的调整、优化

方案的调整是综合性的调整，包括功能、技术以及造型问题。一般说来，平面问题多偏重于功能和技术，立面问题多偏重于造型方面。

(1) 平面的调整

①根据总平面布置的要求完善平面关系

总平面布置包括城市道路连接，场地道路和停车场的考虑，绿化景观环境的合理安排，消防、日照等。要根据用地的性质和所处环境确定用地出入口的位置，并根据用地规模和建筑功能及规模确定用地出入口的数量，一般建筑用地情况下，宜设置不少于两个不同方向通向城市道路的出入口，并应与主要人流呈迎合关系；用地内道路布置应结合总体布局、交通组织、建筑组合、绿化布置、消防疏散等进行综合分析而确定。应将各建筑物的出入口顺畅地连接起来，保证人流、车流顺畅安全；建筑物之间必须满足消防及日照间距等。如某小学场地布局方案调整、优化案例：某小学位于宁静幽雅的梯形地段上，周围是住宅区，交通方便，学校由普通教室、多功能教室、办公室、电化教室、图书室、操场等组成。处在这样一个特定地段上将如何进行总平面布置呢？

从图4-20（b）中可知小学需要安静的学习环境，但小学本身也是一个噪声源，应尽量避免与周围环境相互之间的干扰。为此，平面组合应注意以下四点：教室与办公室之间，教室、办公室与多功能教室（供体育与文娱集会等用）之间，操场与教学楼之间的联系与分隔；教学楼与操场都应具有良好的采光和通风、朝向；注意学校与周围环境的和谐，并保证环境的安静；方便的内外交通联系。

从图4-20（a）、图4-20（c）的几个方案的分析比较中可以得出较好的方案。方案1、2平面布置紧凑，但运动场面对教室干扰较大，教学楼朝向较差，与环境结合不紧密。方案3教学楼朝向较好，与环境结合也较前两个好，但运动场对教学干扰大，同时由于运动场受教室遮挡，日照受影响。总结以上各方案优缺点，进一步组合为最后的方案。最后方案是将建筑分为4个部分，B、C两翼为教学楼，其中1～3层为教室，4层为电化教室及图书馆，A在B、C之间，布置楼梯间和年级办公室，D为多功能教室，布置在大楼一端。这样组合的优点是：教学楼各区之间既方便联系，又适当分隔，教学楼与操场之间干

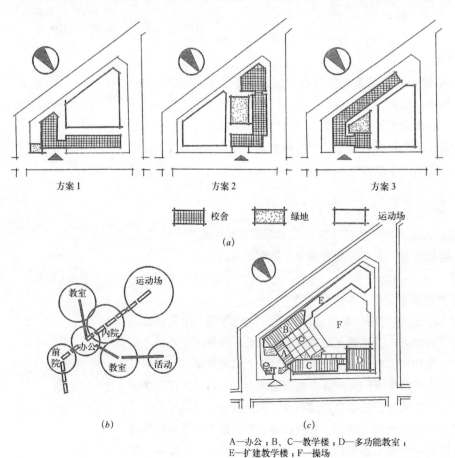

方案1　　　　方案2　　　　方案3

校舍　　　绿地　　　运动场

（a）

内院　　　　　　　　　　　E
教室　运动场　　　　　　　　F
办公　　　　　　　B
前院　教室　活动　　　A
　　　　　　　　　C　　D

（b）　　　　　　　　　（c）

A—办公；B、C—教学楼；D—多功能教室；
E—扩建教学楼；F—操场

图4-20　某小学总平面设计

（a）总平面方案比较；
（b）小学功能关系分析；
（c）最后方案

扰小；大部分教室都有好的朝向，操场日照不受影响；建筑采用对内封闭的周边式布置，主要出入口对街道交汇中心，保证了学校与周围环境的协调、美化与安静。

②从功能、环境景观等方面完善平面关系

功能上要注意查缺补漏，优化个体空间的设计并及时补充必要的辅助用房等。如以幼儿园活动室、教室、会议室为例来说明由于使用要求不同而导致的平面长宽比上的差别：活动室稍方一些、会议室稍长一些、教室介乎其中（图4-21）。景观设计先要分析各空间部分的内容和关联，确定哪些空间需要良好的景观朝向，然后在平面布局时优先考虑并按景观设计要求进行完善工作。如餐饮建筑中餐饮部分往往需要考虑室内外空间的通透，引入优美的景观而形成较好的就餐环境。注意建筑平面布局的"图"与"底"的关系，强调建筑所围合室外空间的完整性和丰富感；平面形态与环境形成有机结合，常常运用顺应地形、平面对位等手法使设计与自然环境、周边建筑平面形式形成有机联系。

（2）剖面的调整

通过剖面设计可以深入研究空间的变化与利用，检查结构的合理性，以及为立面设计提供依据。与在平面中运用墙体来围合分隔空间一样，在剖面上主要运用变化楼面形态的设计手法处理各层空间之间的关系，形成各空间的分隔、流通与穿插，结合不同空间的层高形成丰富的复合空间（图4-22）。

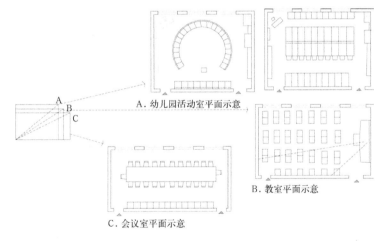

A.幼儿园活动室平面示意

B.教室平面示意

C.会议室平面示意

图4-21　幼儿园各种
房间示意

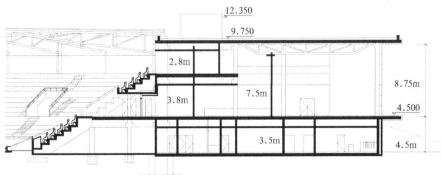

图4-22　剖面复合空间

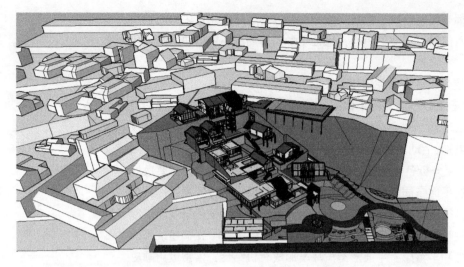

图 4-23 按地形成组团

特别是对于起伏较大的地形，一般要因势利导，从剖面入手利用错层依山就势进行功能布局，以此决定平面关系，使建筑与环境能有机结合（图 4-23）。通过剖面设计可以合理解决结构空间高度与使用空间的矛盾，检查结构的合理性，如结构选型、支撑体系、各层墙体上下对位、梯段净高是否合理等。只有在剖面上合理确定了层高和室内外高差，才能得出建筑物竖向上的高度，而且立面细节的比例与尺度，如洞口尺寸、女儿墙顶、屋脊线等只能在剖面上加以研究确定。

（3）立面的调整

建筑的立面是建筑形象的主角，立面的调整可分为主要轮廓的调整和细部形象的调整两类。主要轮廓的调整，如建筑可以利用顶层的高低错落和屋顶形式的适当变化，形成比较丰富的外轮廓。立面细部形象的调整，主要是针对虚实关系差别和细部形象塑造等问题的解决，最终达到既变化又统一的效果。统一的手法有：寻求对位关系，减少窗的形式，局部如立面端部或楼梯间部位稍加窗型变化；利用形状（门、窗、柱、墙尺寸（柱间距、开间等））的重复构成有规律形的连续印象，加强立面要素组合的韵律感；利用母题、对位、材质色彩强调统一感，并突出形象重点的处理。

2）方案的深入

方案的深化过程主要通过放大图纸比例，由粗及精、由面及点、从大到小、分层次分步骤进行，并且方案的深入过程不是一次性完成的，而需经历深入—调整—再深入—再调整的多次循环的过程。此阶段应明确并量化建筑空间设计、构件的位置、形状、大小及其相互关系，包括结构形式、建筑轴线尺寸、建筑内外高度、墙及柱宽度、屋顶结构及构造形式、门窗位置及大小、室内外高差、家具的布置与尺寸、台阶踏步、道路宽度以及室外平台要求，如大小等具体内容，以及技术经济指标，如建筑面积、容积率、绿化率等；并且应分别对平、立、剖及总图进行更为深入细致的推敲刻画，包括总图设计中的室外铺地、绿化组织、室外小品与陈设，平面设计中的家具造型、室内陈设与室内铺地，立面图设计中的墙面、门窗的划分形式、材料质感及色彩光影等。

在建筑方案细部设计中常见问题和处理手法有：①做方案必须符合任务书上既定的各种要求，如总建筑面积一般应控制在 ±5% 以内，不同大小房间层高问题，房间长宽比不宜大于 2 等；②建筑形象的细部也要确定下来，特别像主入口、屋顶天际线等重点处更要细致地推敲设计；③建筑的室外环境同样需要精心设计，主要包括道路（车行道、步行道、休闲性道路等）、硬地（生活活动及休息、停车场地等）、绿化（草地、林木、花卉、水池、假山等）、小品（路灯、座椅、废物箱、雕塑、台阶、护栏及其他标志物等）。建筑师应当熟悉各种有关规范，在建筑方案设计阶段，就要满足各种规范的基本要求。

方案设计深化的最终成果一般以设计文本的形式出现，设计文本以设计图为主，文字为辅。文字部分内容一般包括：①项目基本情况。项目名称、建筑地点、规模、基地及其环境等。②设计构思。根据建筑的类型、性质和地点撰写设计设想的说明，包括功能和造型上的创意。③建筑设计说明是文字部分的重点，必须全面地说明规划、总平面、建筑功能、技术、造型以及细节部分。④工程结构与设备意向性设计。方案设计中应当包括工程结构和设备技术的意向性说明，但仅在文字部分说明，不必绘图。⑤主要技术性指标，基地面积、总建筑面积、建筑占地面积、建筑密度、容积率、绿化率等。

4.3.2 建筑方案设计的技巧

设计能力是对设计者素质的综合评价，掌握设计技巧至关重要，它可以提高设计效率，也是衡量设计者是否成熟起来的重要标志。善于同步思维是掌握和提高方案设计技巧的关键。

建筑设计实质上是一个解决矛盾的过程，矛盾的自身发展规律决定了设计过程所面临的诸多问题总是相互交织在一起，它们互为依存，互相转化。旧的设计矛盾解决了，新的设计问题又上升为主要矛盾，方案总是这样在反复修改中深化，在仔细推敲中完善。因此，设计的思维方式就不应是孤立地看待问题，应是用联系起来的观点处理设计过程所面临的所有问题。

建筑设计是研究环境、建筑和人的协调关系，这是一个涉及众多知识领域的复杂大系统，在这个大系统中，设计要想独立地进行工作是不可能的。它需要其他学科的协作，其他工种的配合。因此，设计过程中对问题的思考不能不与其他学科的知识交织在一起。

1. 环境设计与单体设计同步思维

任何一个建筑设计都是从环境设计入手，同时，又必须注意到，单体建筑既是最终要达到的设计目标，又是初始环境设计的因素，而进入单体设计时，环境设计的初始成果就成了单体设计的限定条件，一旦设计方案被认可反过来又成为环境再设计的现状条件，如此思维螺旋形的上升，使环境设计深化到新的层次。

许多初学设计者常常掌握不了这种规律，总是一开始就钻进单体设计的思考中，对环境条件缺乏认真深入的分析，导致建筑设计方案违背了许多环境条件的限定，最终使单体建筑本身失去了环境特色和个性，变成放在任何地方似乎都可以说得过去的通用设计模式，这是初学设计者容易犯的通病。

由此可见，环境设计与单体设计始终应该是互为因果、紧密关联的，这就决定了当我们分别进行环境设计和单体设计时，虽然呈现出阶段性，但思考问题却是同步的。例如，在方案起步时既要分析环境的外部条件，又要分析单体建筑的内部要求。两者结合起来才能使环境设计成为有目标的设计，使单体设计成为有限定条件的设计。

当思考环境设计中的场地规划时，更需要结合单体建筑体量组合的方式、功能分区的要求、所应创造的环境气氛、个性特征等诸多问题。两者在同步思考中互相调整关系，以期产生最佳方案的选择。从设计操作的现象看起来，我们是在研究环境设计中的问题，可是脑子里却在不断思考单体建筑的种种条件，这就是同步思维的特征。

反之，当研究单体建筑设计时，则要时时联系到前一阶段环境设计提出的设定条件，例如，场地入口大体限定了单体建筑的主入口位置，相应也确定了门的布局，由此影响到方案建构的框架。又如，环境设计中日照间距规定了建筑物的高度限制，容积率规定了建筑物的体量控制，绿化面积指标规定了建筑物占地的范围等，在思维过程中，倘若忽视这些环境条件的要求，单体建筑设计必定是一个有缺陷的设计。为了弥补这种缺陷，势必又要从头反思设计过程，并对已做过的设计工作进行更为困难的调整，正如做一件新衣服容易而改一件旧衣服却要大费脑筋一样，这就相对拉长了设计周期，降低了设计效率。因此，从设计方法上加强环境设计与单体设计同步思维的技巧训练，是提高设计能力的有效途径之一。

2．平面设计与空间设计同步思维

多数建筑设计一开始为了在错综复杂的矛盾中理出较清晰的头绪，总是从平面设计开始，确切地说是从对功能布局的思考开始的。因为，平面设计出建筑物各部分的功能关系和空间关系，设计者只要弄清楚设计对象的功能关系，经过理性分析总能获得一个功能关系图，进而发展为平面方案的框架。但是，初学设计者往往从此陷入平面设计中不能自拔，直至平面方案确定下来，才开始考虑造型和立面、剖面的设计。可是，一旦把平面的方案矗立起来，却发现造型不十分理想，甚至需要大动手术进行修改。为了推敲造型不得不回过头来调整花了许多精力而获得的平面方案，这就使设计过程走了曲折之路。

当进行造型推敲或立面设计时，往往又不以平面设计为依据，自以为造型或立面很理想。可是与平面布局又自相矛盾，形式与内容相冲突，造成立面或造型上一些虚假的处理。

一个设计技巧性的问题是，当你入手做平面设计时，一定要预先思考一下设计对象的造型特征有何构思、想法，体量组合大体上有一个什么样的关系。用这种空间的设定条件制约平面布局的发展，当然，对造型的思考有时要涉及对剖面的初步研究。这样，以平面设计为先导，同时思考剖面、造型的制约条件。这就把平面设计和空间设计同步进行了考虑，说明功能关系是决定平面设计的重要条件，但不是唯一条件。空间设计对平面设计同样起到不可忽视的作用。反之，造型、立面、剖面设计不仅仅需要从建筑艺术上进行推敲，也需要从平面设计中进行验证和制约，从表面现象看我们是在不停地进行平面设计，可是头脑里却时时在想建筑内外空间的形象问题。通过这种平面与空间的反复同步思维，使平面设计与空间设计逐步达到有机结合的程度。

同样，当我们在设计操作上不断地推敲立面、造型时，头脑里也要始终考虑到平面设计的条件，或者这种立面、造型设计要符合平面设计的布局要求，做到形式与内容统一。或者从立面、造型设计的要求考虑，及时调整平面设计的布局关系。如此反复同步思维也是为了使空间设计与平面设计达到高度的和谐统一，任何截然把两者分开进行思维的设计方法只能导致设计方案的失败。

3. 建筑设计与技术设计同步思维

任何一座建筑物的设计都需要建筑专业与其他技术专业紧密配合，作为建筑设计方案的确定也必定是以结构、水、暖、电等技术条件的满足为前提。因此，建筑设计与技术设计的紧密关系是不言而喻的。

作为建筑方案设计过程，设计者对其他专业的思考当然不能深入到技术设计阶段或施工图阶段的要求。但是，为了不使方案给设计后期的其他专业参与带来困难，甚至被否定，应尽可能地在方案初始阶段给予认真考虑，特别是结构专业对方案的制约尤其应给予重视。例如，当平面布局大体确定之后，就应思考结构格网的建立。因为，结构与建筑的关系如同人的骨骼与肉体的关系一样不可分离，只有通过结构格网的调整，才能使方案建立在可行的基础之上，而不是仅按功能呈无逻辑的拼凑。

对于较大空间的结构造型思考在方案一开始就是必要的。因为，它不仅影响内部空间形态，而且也将影响外部造型。甚至以结构造型产生方案特色的设计更是从设计一开始就将建筑设计与结构设计紧密同步思维产生的结果。

4.3.3　建筑方案设计的表达方法

方案的表现是建筑方案设计的一个重要环节，方案表现是否充分，是否美观得体，不仅关系到方案设计的形象效果，而且会影响到方案的社会认可。依据目的性的不同方案表现可以划分为推敲性表现与展示性表现两种，前者是设计过程中用于设计人员内部交流的，后者则是向业主和社会公众展示的建筑图纸。

1. 推敲性表现

推敲性表现是建筑师在各阶段构思过程中所进行的主要外在性工作，是建筑师形象思维活动的最直接、最真实的记录与展现。在绘图过程中，设计思维是主体，绘图只是一种辅助性的手段，用于记录设计思维成果，推敲设计构思，推动设计发展，为建筑师分析、判断、抉择方案构思确立了具体对象与依据。推敲性表现有如下几种形式。

1）草图表现方式

草图表现是一种传统的，但也是被实践证明行之有效的推敲表现方法。在创作构思阶段以逻辑思维为主，设计者要针对设计任务书所给的内、外条件进行快速分析。为了及时捕捉构思灵感，就要求思维清晰、动手迅速，往往以徒手粗线条（如铅笔或炭笔）大量勾画构思草图，表达设计中的大关系而忽略细节的束缚，流畅的徒手作图可以加速刺激思维发散，大大提高设计效率。通常要用透明纸（拷贝纸）、软性铅笔（2B以上）徒手画，用透明纸蒙在前一次草图的上面，将要保留的部分描下来，而将改的部分重新画，反复地优化方案直到满意为止，另外注意要选用合适的比例作草图，这样有利于设计者方便地控制方案全局，必要时可备一把比例尺，以保持比例的相对准确性，如图4-24所示。

2）其他表现方式

除了草图表现方式外，设计推敲性表现还包括草模表现方式、计算机模型表现方式等。草模表现指的是以方便的材料塑造简单的建筑模型，从而使设计者的构思更为真实、直观而具体，所以对空间造型的内部整体关系以及外部环境关系的表现能力尤为突出，但由于具体操作技术的限制使得细部的表现有一定难度。随着计算机技术的发展，计算机模型表现成为推敲性表现的一种新手段，计算机模型表现兼顾了草图和草模表现两者的优点，但硬件设备要求较高，操作技术也有相当的难度。

2．展示性表现

展示性表现是指建筑师针对阶段性的讨论，尤其是最终成果汇报所进行的方案设计表现。是面向业主、管理部门和社会公众进行展示的建筑图纸，如仪器墨线图、用计算机绘制的正式方案图、彩色透视图等，用于向业主汇报、供领导审批、与同行交流，具有完整明确、美观得体的特点。展示性表现应注意以下几点：

（1）绘制正式图前要准备充分，应完成全部设计工作并绘出正式底稿，包括所有注字、标题以及人、车、树等配景。在绘制正式图时不再改动，以保障将全部力量放在提高图纸的质量上。

（2）图纸的表现方法很多，如铅笔线、墨线、颜色线、水墨或水彩渲染以及粉彩方法等，一般应根据设计的内容及特点，选择合适的表现方法。初学者须先掌握比较容易和基本的画法，以后再逐步去掌握复杂的、难度大的画法，循序渐进地提高表现方法和水平。

（3）图面构图反映了设计者个人的专业素质、艺术修养、工作的条理性，应以表达清楚和美观悦目为原则。影响图面

图4-24　罗马千禧教堂外观

美观的因素很多，大致可包括：图面的疏密安排，图纸中各图形的位置均衡，图面主色调的选择，树木、人物、车辆、云彩、水面等配景的配置，以及标题、注字的位置和大小等，这些都应在事前有整体的考虑，或做出小的试样进行比较。在各种图面定稿之后，要通过适当增加与设计相关的内容或符号，以使版面饱满、完整。如对于一层平面的室外环境，可画上树木、道路、铺地、草坪等配景，接近平面图部分宜重点表现，越远离平面就逐渐淡化；在立面图和剖面图上加背景而衬托建筑尺度，改善版面效果；还可通过标题的字体设计与布局，或适当增加一点装饰符号，以弥补版面的缺陷并给图面带来活力。同时，注意图面效果的统一问题，避免配景过碎过多，颜色缺呼应，标题字体的形式和大小不当等问题。

4.3.4 小建筑设计

根据前面的介绍与说明，初学者对建筑方案设计的几个重要的方面有了一定的认识和了解，但这种认识和了解仅仅停留在文字表面和部分片段上，对如何完成一项完整的方案设计没有一个过程的训练，现在我们将通过一个小建筑设计将建筑方案设计的全过程展现给大家。

小建筑设计任务书

设计题目：公园餐饮店

设计要求：结合地形条件和周围环境，为人们提供良好的就餐环境。功能布局合理，立面造型别致（此地形为城市公园一角），如图 4-25 所示。

设计内容：建筑面积 40m²，面积上下浮动 5m²，主要内容有饮食间、备餐间、外卖窗口和收银台。

设计成果：总平面图 1：100，平面图 1：50，立面图 1：50，剖面图 1：50，透视图。

1. 解读设计任务书，完成任务分析

1) 充分解读任务书中的设计内容

从设计任务书中可以看出这是一个规模较小，功能布局较简单，立面造型紧密结合环境的餐饮店。或者可以称之为园林建筑小品。

2) 外部条件分析

是由外向内分析制约设计的各种因素，从中得出个别条件因素对展开设计产生的影响。

(1) 根据所给定的道路情况分析车行和人行流线，方向及主次关系。为场地设计确定出入口找到依据。

(2) 根据地形条件分析，特别是用地范围内有水面，要着重分析利弊关系，如何利用水面，回避不利的因素，做到建筑与环境的融合。

(3) 根据朝向和景观条件分析，对于

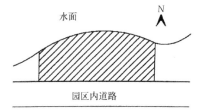

图 4-25　地形条件图

建筑所处的位置是否对公园的景观和视线产生影响，是否存在不和谐甚至相悖的因素在里面进行考虑。

(4) 根据北方地区气候特点及当地的建筑特点、建筑风格和建筑材料等进行分析，以便为设计的平面布局、风格特点、建筑色彩和材料提供重要依据。

3) 内部条件分析

内部条件分析是由内向外分析制约设计的各种因素，即从设计任务书规定的各项设计内容进行功能和空间形式的分析，作为设计的走向。

内部条件分析最重要的是功能分析。确定设计内容的功能配置关系，饮食间与备餐间的关系，备餐间与外卖口的关系，外卖口与建筑出口的关系，饮食间与收银台的关系（图4-26）。

2. 进行方案的立意、构思和比较，形成初步方案

1) 立意构思

从条件分析可以看出，此设计可以划归为园林建筑或城市小品之列。创作思路是相当宽阔的，关键是抓住什么来立意构思。无疑，餐饮店是建筑小品，是主要的意图，从环境和小品的关系去探寻构思的渠道，将小品放入环境中完全可以起到点缀城市景观的作用，这样才能展开设计的脉络。

2) 场地设计

通过解读任务书、条件分析以及立意构思这一系列步骤，下一步就可以进入方案设计阶段，方案设计的起步是场地设计，任何一个设计都有特定的地形条件，因此场地设计是进行方案设计的前提条件。场地设计包含出入口选择和场地规划。

(1) 出入口选择

出入口是外部空间进入场地的通道，位置的选择事关方案设计的走向。设计任务书所给定的地形是公园湖的堤岸处，一侧为主要的对外通道，所有的人流和车流均沿着这条路流动，因此餐饮店场地的入口应迎合这一条唯一的陆地通道而开向道路，体现场地入口选择的目的性。

(2) 场地规划

在进行方案设计之前就从整体的角度出发，结合给定的地形条件，考虑餐饮店在场地的位置及大小关系，因此餐饮店位置选择在湖岸边，并充分结合水面探入水中，达到与环境的完美结合（图4-27）。

图4-26　功能分析图（左）
图4-27　场地分析图（右）

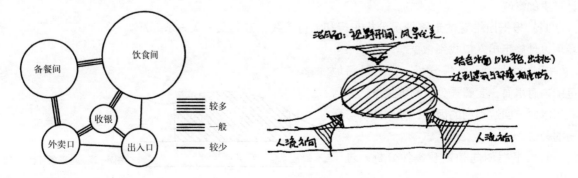

(3) 功能布局

经过场地设计确定了餐饮店的位置，下一步就进入了建筑方案的实质性创作阶段，按正常的设计步骤从平面设计开始，确切地说就是从功能布局的思考开始的。这时就是从先前的内部条件分析中找出餐饮店各部分内容的功能关系和空间关系。餐饮店的入口面向场地的出入口，外面紧邻出口也面向场地出入口，饮食间是餐饮店最重要的部分，因此位置选择在景观和朝向最好的临湖一侧，那么收银台和饮食间联系紧密，并考虑用餐者用餐、买单、出门的流线关系，位置选择在靠近出口处，备餐间既要考虑饮食间又要兼顾外卖口，因此位置选择在两者之间（图4-28、图4-29）。

(4) 立面造型

在前面的方案设计技巧中提到的平面设计与空间设计同步思维，其实在功能布局之时就已经开始了，主要反映在功能与形式的关系上，从餐饮店功能角度来看就是满足用餐、备餐、外卖的要求以及它们之间的相互关系；而形式的表达在本设计中就显得尤为重要，餐饮店处在公园内，紧邻湖边，要想使餐饮店完全融于环境中，必须根据环境特点考虑造型处理的手段，餐饮店必须按照园林建筑小品轻盈小巧的形式来体现，并且充分结合水面，平面以正方形旋转45°将一角伸向水面，使建筑的体量更显轻巧，利用构架出檐形成四坡锥顶，从而创造出亲切、自然、宜人的立面造型（图4-30）。

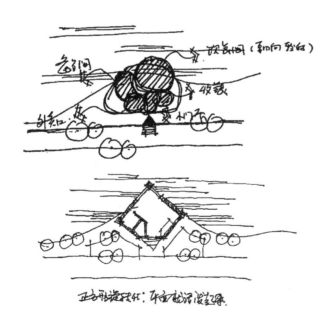

图4-28 平面功能关系图

图4-29 平面草图

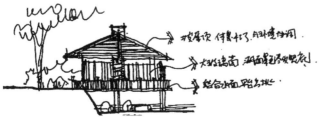

图4-30 立面草图

3. 确定方案

经过方案的立意、构思和形成初步方案后，接下来的工作就是对形成的初步方案进行功能、剖面、指标和形体的修改和调整，最后确定一个最合理、有潜力的方案。

1）平面

根据任务书对建筑面积的要求，以及建筑资料集对餐饮店各项指标的要求，按照一定的比例关系确定房间的平面形状尺度、房间高度、门窗大小、位置、数量、开启方向等，以及交通空间的联系与组织（图4-31、图4-32）。

2）剖面

确定合理的竖向高度尺寸，主要是确定餐饮店层高、室内外高差、体形宽高尺寸、屋面形式与尺寸及立面轮廓尺寸等。确定建筑的结构和构造形式做法和尺寸等。通过剖面对探入水面部分作处理和利用（图4-33）。

3）形体

在初步方案的基础上，对餐饮店立面的轮廓、尺度、各部分的比例关系、材质、色彩等方面进行详细的处理和研究，来充分体现所追求的立面效果（图4-34）。

4. 完善方案

1）方案的调整

此时的方案无论是在功能布局、立面形体和空间结构上基本上满足设计要求。所以，对它的调整应控制在适度的范围内，只限于对个别问题进行局部

图4-31　总平面图（左）
图4-32　平面图（右）

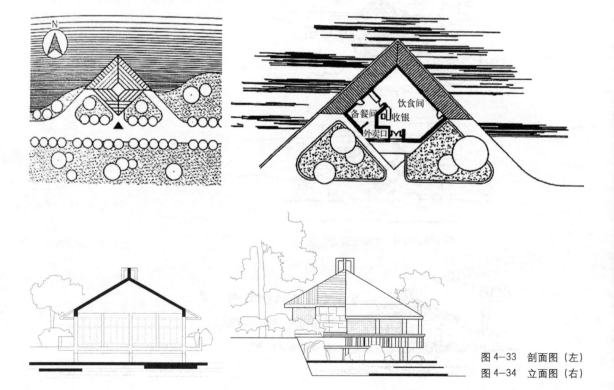

图4-33　剖面图（左）
图4-34　立面图（右）

的修改与补充，力求不影响或改变原有方案的整体布局和基本构思，并能进一步提升方案已有的优势水平。

2）方案的深入

调整后的方案还需要一个从粗略到细致刻画、从模糊到明确落实、从概念到具体量化的进一步深化的过程。

首先是放大图纸比例关系，对于餐饮店这样的小设计可以放大到 1：50甚至 1：30。在此比例上，首先应明确并量化其相关体系，构件的位置、形状大小及其相互关系，包括结构形式，建筑轴线尺寸，建筑内外高度、墙及柱宽度，屋顶结构及构造形式，门窗位置及大小，室内外高差，家具的布置与尺寸，台阶踏步，道路宽度以及室外平台大小等具体内容，并将其准确无误地反映到平、立、剖及总图中来。

其次是统计并核对方案设计的技术经济指标，如建筑面积、容积率、绿化率等，如果发现指标不符合规定要求，须对方案进行相应调整。

第三是分别对平、立、剖及总图进行更为深入细致的推敲刻画。具体内容应包括总图设计中的室外铺地、绿化组织、室外小品与陈设、平面设计中的家具造型、室内陈设与室内铺地、立面图设计中的墙面、门窗的划分形式、材料质感及色彩光影等。

5．设计成果

总平面图、平面图、剖面图、立面图（略），透视图见图 4-35。

4.4　建筑方案设计学习的要点

与其他课程相比较，建筑设计学习的入门过程更为艰辛和漫长，这是由其创作性、综合性、双重性等自身特点所决定的。如何提高学习的效率，如何尽快摸索出一套适合自己的学习方法乃至设计方法，是每一个初学者所殷切期望的。为此，下面从如何培养专业兴趣、如何提高自身修养和如何改进工作方法三个方面提供一些建议。

4.4.1　培养专业兴趣

热爱建筑学专业是学好建筑设计的基本前提。因为建筑创作是一项艰苦而繁重的工作，要达到预期的境界高度和设计水平，就必须投入相当大的时间与精力，需要进行持续而高强度的工作，需要具有过人的工作毅力和敬业精神。只有那些热爱本专业，并将设计建筑作为一生事业追求的人，才可能为之进行不懈的努力和探索，并取得成功。

培养专业兴趣需要从多方面入手，首先应该深入地了解对象。例如，借助实地参观和资料阅读等形式逐步认识和理解建筑，尤其是那些优秀建筑作品，了解它们的目的意义、思想境界、设计理念、构思意图、空间艺术和造型艺术，从而真切地为它们的魅力和价值所折服、所感动，激发起学习建筑、创作建筑的热情和渴望。其次，在设计实践中培养兴趣。通过参与具体的设计活动（包括课内、外多种设计实践形式），获得对建筑设计的生动体验和鲜活感受。当你亲历过艰苦而认真的调研、分析、构思、调整、发展、深入而最终完成设计方案的时候，那种油然而生的成就感，不仅使你忘却了设计的艰辛，而且更坚定了你的创作信念，激励你百尺竿头，更上一层楼。

4.4.2　提高自身修养

要想学好建筑设计，将来成长为一名优秀的建筑师，除了学习并逐步提高自己的专业知识水平、技法水平和设计能力外，还要重视和加强自身人文素质的培养与提高。因为自身修养是建筑师境界高度和内涵深度的具体体现，是指导设计创作的灵魂所在。设计理念的高低、设计构思的优劣、设计方向的偏正、设计处理的拙巧，无不取决于此。

人文素质的养成与提高不是一时一日即可做到的，它必须经历一个潜移默化的漫长过程。初学者应该具有持之以恒的决心和毅力，明确学习方向，通过不懈的努力，日积月累逐步得以实现。提高自身修养的有效方法可以概括为如下三点：

一是博览群书：由于建筑设计具有突出的社会性、综合性的特点，知识渊博成为建筑师的重要专业功底。因此，初学者不仅要大量阅读建筑学科的专著名作，而且要在力所能及的范围内广泛涉猎哲学、文化、历史、社会、经济、心理、文学等领域的理论知识。这是站在前人的肩上，利用前人的智慧和经验，拓展视野，提高境界的有效方法。从低年级开始就结合自身的具体情况，做一个三年乃至更长时间的读书计划是十分必要的。

二是关注前沿：学科前沿不仅代表着专业创作与专业研究的发展趋势，也代表着专业设计的最高水平。充分发挥大学的资源优势,通过阅读专业杂志、参加专业讲座、浏览各种专业报道等方式，持续跟踪学科前沿发展，了解国内外建筑师的创作热点和关注重点，既可以逐步拓展眼界，又可以不断加深对学科发展的认识力度与深度。由于初学者知识积累有限，开始阶段有些讲座听起来似懂非懂，有些文章读起来似云似雾，这是很正常的;只要听多了，读多了，并且通过自己的思考、消化，一切会逐渐清晰起来，明朗起来。

三是留心生活：社会生活是建筑创作的源泉之一，因为建筑创作从根本上说是为人们的工作、生活服务的，真正了解了鲜活的现实生活，了解了其中人们的行为规律和心理特点，也就接近把握了建筑的本质内涵，才能创作出具有生命力和感染力的建筑作品。生活处处是学问，只要心留意，平凡细微之中皆有不平凡的真知存在。许多成名建筑师无论走到哪里都会把速写本、笔记本、照相机带在身边，对感兴趣的所见所闻随时随地地记录下来。事业上的辉煌成就离不开平日的这些点滴积累。

4.4.3 改进工作方法

1. 尽快进入设计状态

所谓设计状态泛泛而言是指设计者在进行高效率的设计活动时身心所呈现的一种工作状态，表现为主观上对该任务的重视程度和客观上时间、精力的投入程度都已达到了一个相当高的水平。

让初学者学会尽快进入设计状态十分重要，因为建筑设计的创作性和综合性决定了一个建筑无论繁简、大小，其工作是永无止境的。通俗而言，设计题目所给定的时间与学生所期望达到的设计深度、质量相比较总是紧张的、不足的。

因此，学会尽快进入设计状态，即养成一旦开始设计就要全身心投入并坚持下去的作风，才能最大限度地提高工作的效率，弥补时间的不足，从而保障设计作业的进度。常言道"功夫不负有心人"，其中功夫的大小既取决于身心投入的多少也关乎于坚持时间的长短。只有尽快点燃起建筑创作的激情，呈现出对设计任务朝思暮想、废寝忘食、念念不忘的工作状态，才能真正开始认识问题，把握问题，不断尝试、采取可能的方法解决问题，最终收获设计的成果。古今中外许多建筑名作无不是设计者如痴如醉、"疯狂"工作的结果。

2. 学习借鉴他人经验

学习借鉴他人经验也是十分重要的学习内容和学习方法。初学者在进行方案设计时会遇到这样的情况，即尽管对设计任务和环境条件都作了比较详尽的调研分析，但对设计构思仍然毫无头绪。这时，如果拿出一定的时间去剖析一些相关的设计实例，会对设计构思起到很好的启发作用。因为每一个设计作品背后都存在着一套明确的思维逻辑与思考脉络，而这种逻辑和脉络是具有一定的普遍性、规律性意义的。只要认真、系统地进行分析、概括，就可以从中找出值得学习并足以启发设计思路的闪光点来。

相关实例剖析的启发作用不只限于方案构思阶段，在方案设计的各个阶段环节，有针对性地进行相关实例的分析、研究都是十分有益的。例如，在一草阶段针对总体布局进行剖析，在二草阶段针对平面处理进行剖析，在三草阶段针对细部、材质设计进行剖析，等等。通过这些有针对性的剖析，不仅可以使自己的设计作业得到直接的启发和帮助，而且，对这些相关实例的整理、分类亦会逐步积累起自己宝贵的设计资料。

应该强调的是，剖析相关实例最好选择那些优秀的设计作品，因为优秀设计作品乃至大师名作具有多方面值得学习的优势。比如，名作的立意境界更高，比一般建筑更为关怀人性，关注时代；名作对环境、功能有着更为深入、正确的理解与把握；名作构思独特，富有真见卓识，体现出更为成熟、系统的处理手法与设计技巧；另外，名作的造型美观而得体，更富有个性特色和时代精神。总之，名作所体现的设计理念、设计方法，更接近于对建筑本原的认识，是人们模仿学习的最佳对象。

在理念、方法、手法上模仿名作是行之有效的学习设计的方法。但是，正确的模仿学习必须是以理解为前提的，并且应该是变通的甚至是批判性的。其重点在于学习和了解功能需求、环境条件与方案应对方法之间的关系，在于总结不同条件影响产生不同方案的一般性规律。应避免那种生搬硬套、追求时尚而流于形式的模仿。因为非理解的模仿往往是把名作的外在形式与其内在的功能需求和环境应对剥离开来，会产生对名作的误读。

3. 注重训练手脑配合

应养成手脑配合，思考与图形表达并进的设计构思方法与习惯——即用草图辅助思维乃至用草图引导思维。由于建筑设计的相关因素繁多，期望设计者完全想好了、理清了，最终将方案一次性绘图表达出来是不现实的，也是不科学的。设计构思和设计处理必然会经历从酝酿构思—图形表达—分析评价—再调整构思—再图形表达之循环往复的过程。在这个过程中，学会把思考中的不成熟的阶段性成果用草图即时且如实地表达出来，不仅可以帮助理清思路，不断把思维引向深入，而且具体而形象的过程图形，对于及时验证思维成果，矫正构思方向起到了单靠思考所不及的作用。此外，由于思考与图形表达不可能是完全一致的，两者之间的些微差别往往会对思维形成新的启发点，这对于拓展思路，加速完成方案构思是十分有利的。

任何有趣的构想如果没有画出来，做出来，它最多只是一个不错的想法而已。只有用手（大脑与眼的延伸）画出来（草图）、做出来（草模），再通过眼睛的直观感觉和大脑的理性思考双重检验，才真正称得上是一个好的构思。

4. 不断梳理设计思路

如前所述，要保障方案的质量水平，一般的设计都要经历多次循环往复的过程，对有经验的建筑师是如此，对初学者更是如此。这是因为建筑设计所涉及的因素众多，自身体系复杂，要把这些相关因素及其相互关系摸清、吃透并提出对策方案，必然经历一个反复琢磨、思考的过程。初学者由于缺乏实践经验和有效方法，在设计过程中常常会出现迷失发展方向，茫然不知所从的情况：众多制约因素应如何区分对待？多种发展可能应如何判断选择？方案的特点如何强调？方案的发展方向又在哪里？等等。这个时候就有必要回过头来，站在一个新的高度重新审视、研究设计的前提依据，梳理设计构思的内在逻辑和发展脉络，以求更全面、更准确、更清晰地把握方案的特点，分析问题的症结，并获得新的灵感启发，从而理清思路、明确方向，为不断提升方案的质量水平积蓄条件。

在课程设计过程中不断梳理设计思路亦有助于逐步探索适合自身特点的设计方法。无论设计思路是完整的还是片断的，其中都包含着一些反映设计本质的一般性和规律性的成分。通过深入而细致的梳理和反思，准确地把握住设计过程中哪一步选择正确，哪一步出了偏差，哪一步对策得当，哪一步走了弯路，研究其原因及其应有对策，从而在系统总结正反两方面经验、教训的基础上，逐步探索并积累起可行的设计方法。

5. 积极进行设计交流

常言道"兼听则明"，说明做任何事情都应多方听取不同意见，从而辨明是非得失，避免作出错误判断。学习建筑设计也是如此，应该在力所能及的条件下多方听取不同意见，才能使自己的设计不断得到修正、改进、完善与提高。因此，讨论式设计交流就成为建筑学专业特有的一种学习方法。

首先，应重视开展同学间的设计交流。同学间的交流有着先天的优势，因为大家的年龄、学识、经验相近，彼此熟悉，利于大家放下包袱，形成畅所欲言、勇于发表独立见解的理想氛围；其次，同学间的互评交流必然形成不同角度、不同立场、不同观点、不同见解的碰撞，它既利于同学之间取长补短，促进提高设计观念，改进设计方法，又利于相互启发，学会通过改变视角而更全面、更深入、更真实地认识问题、把握问题，进而达到完美地解决问题的目的。同学间交流的形式不拘一格，人数可多可少，时间可长可短，但是无论采取什么形式，都应本着平等与开放的交流原则。

应特别珍惜并充分利用那种与教师面对面的、有同学参与的、讨论式课堂交流。虽然与教师进行交流的形式并非只局限于课上，但设计辅导课仍然是学生与教师进行专业互动的最重要的平台。在这一对话过程中，学生需要详细介绍其设计方案的具体理念、构思、处理及其表现，并提出自己在设计过程中所碰到的问题与困惑，而教师则对方案进行剖析和评价，明确特点，指出不足，对方案发展提出原则或具体的修改意见，并针对疑惑与问题进行讲解和引导。古人云"师者，所以传道授业解惑也"，大概就是这个样子。学生陈述事实、提出问题于前是为主，教师据此进行评价、解答于后是为辅。可以说学生课前准备得充分与否（包括设计作业完成的深度、思路梳理的程度、相关的专题阅览、思考的广度等），将直接影响到教师辅导的深度、广度及其针对性，从而影响了学生学习收获的大小。故可以说，因材施教是教师的责任，亦是学生的责任，两者缺一不可。

6. 严格遵守设计进度

除快题外，一般的设计作业都需要持续较长的时间，少则两三周，多则七八周，有的甚至长达一个学期，这是由于方案设计内容综合、步骤复杂、训练重点多样造成的。要从容地组织、安排这一系列的设计环节，并能做到每一环节重点突出，最终实现既定的教学目标，必然需要一个相当长的操作过程。

为了保障这一过程训练的效率，设计作业皆配有详细而严格的时间进度表，其制定原则：强调均衡——教学计划安排的每一环节、步骤均应得到训练；突出重点——充分考虑设计训练的要点、难点的时间要求；保障可行——总的时间及各阶段时间安排均顾及设计的深度和难度。在实际训练中部分同学虽已十分投入但仍然不能完成设计进度，究其原因除了自身缺乏必要的条理性和计划性外，更多的是由于对设计认识偏颇所造成的。由于对建筑和建筑设计了解不足，认识不够，部分学生片面强调设计过程中的某一环节，例如过分夸大方案构思的意义和作用，把方案构思"环节"与方案设计"过程"等同起来，常常为获得一个满意的构思而忽略进度限制，反复推倒重来，导致其他环节训练时间的不足从而影响到课程设计训练的整体效果。为了解决这一问题，除了应加强自身计划性、条理性的培养外，关键在于端正对方案设计过程性的认识，认识到这一过程中每一步骤、每一环节都具有承上启下的内在逻辑关系，都是不可替代和逾越的，这样，问题则可迎刃而解。

建筑设计教学的核心任务是培养并逐步提高学生的设计能力，包括探索出一套适合自己的学习方法和设计方法，这必然是一个循序而漫长的过程。只有坚持从一点一滴做起，滴水穿石，细水长流，三五年后终将会有一份丰硕的收获。

参考文献

[1] 田学哲，郭逊 . 建筑初步 [M].3 版 . 北京：中国建筑工业出版社，2010.

[2] 龚静，高卿 . 建筑初步 [M].2 版 . 北京：机械工业出版社，2016.

[3] 吕元，赵睿 . 建筑设计初步 [M]. 北京：机械工业出版社，2016.

[4] 吴萍 . 造型设计基础 [M]. 北京：机械工业出版社，2012.

[5] 蒋弘烨 . 平面构成与立体构成 [M]. 北京：中国电力出版社，2015.

[6] 亓萌，田轶威 . 建筑设计基础 [M]. 杭州：浙江大学出版社，2013.

[7] 袁新华，焦涛 . 中外建筑史 [M]. 北京：北京大学出版社，2018.

[8] 李允鉌 . 華夏意匠 [M]. 天津：天津大学出版社，2016.

[9] 梁思成，林洙 . 梁 [M]. 北京：中国青年出版社，2013.

[10] 爱德华·艾伦 . 建筑初步 [M]. 北京：中国水利电力出版社，知识产权出版社 ,1979.

[11] 蔡鸿 . 建筑快题手绘步骤详解 [M]. 武汉：华中科技大学出版社，2017.

[12] 李虎 . 马克笔建筑表现技法 [M]. 沈阳：辽宁美术出版社，2017.

[13] 胡娟，代光钢，张孝敏，龙益知 . 建筑设计手绘技法强训 [M]. 北京：人民邮电出版社，2017.

[14] 程新宇，柴宗刚 . 建筑设计初步 [M]. 北京：清华大学出版社，2018.

[15] 黎志涛 . 建筑设计方法 [M]. 北京：中国建筑工业出版社，2010.

[16] 蔡惠芳 . 建筑初步 [M].2 版 . 北京：中国建筑工业出版社，2015.

[17] 郭烽仁 . 建筑工程施工图识读 [M]. 北京：北京理工大学出版社，2016.

[18] 马守才 . 建筑构造与识图 [M]. 北京：中国建筑工业出版社，2013.

[19] 何斌 . 建筑制图 [M]. 北京：高等教育出版社，2010.

[20] 何培斌 . 建筑制图与识图 [M]. 北京：北京理工大学出版社，2013.

后 记

本教材是根据高等职业学校建筑设计专业课程教学要求编写的，也可用作村镇建设与管理、建筑装饰工程技术、风景园林设计等相关专业的教学参考书。

本教材编写主要有以下几个特点：①立足建筑设计专业专科生整体培养目标设定建筑初步讲授内容；②根据职业能力培养目标梯度引入教学实践任务；③理论知识的讲授从纵向和横向两个维度循序渐进，合理安排理论、方法、案例分析和作业练习的内容；④除介绍建筑识图和表现的一般方法与标准外，还附有建筑名作赏析和示范作业；⑤增加了二维码索引，力求简明实用。

通过本课程的学习，编者希望学生掌握建筑概论的基础知识，熟悉建筑设计的过程表达与方法，概要了解国内外建筑设计的发展趋势，并具备初步的建筑识图与设计的能力。

教材部分内容或与其他"建筑初步"的教材内容少量重合，我们的编写原则是一般内容描述尽可能不重复，重点内容则突出相关内容的分析角度和表述的特色。本教材在编写过程中参阅了大量的专业文献和设计图例，在此向有关作者表示真诚的谢意；书中选用了部分兄弟院系的优秀作业，谨向这些作业的指导教师和同学表示感谢！

编 者